Manish Upadhyay
Vijay Laxmi Gupta

Estudos sobre a variação de alguns parâmetros importantes do rio Hasdeo

Manish Upadhyay
Vijay Laxmi Gupta

Estudos sobre a variação de alguns parâmetros importantes do rio Hasdeo

Livro sobre a análise da água

ScienciaScripts

Imprint

Any brand names and product names mentioned in this book are subject to trademark, brand or patent protection and are trademarks or registered trademarks of their respective holders. The use of brand names, product names, common names, trade names, product descriptions etc. even without a particular marking in this work is in no way to be construed to mean that such names may be regarded as unrestricted in respect of trademark and brand protection legislation and could thus be used by anyone.

Cover image: www.ingimage.com

This book is a translation from the original published under ISBN 978-3-659-79032-4.

Publisher:
Sciencia Scripts
is a trademark of
Dodo Books Indian Ocean Ltd. and OmniScriptum S.R.L publishing group

120 High Road, East Finchley, London, N2 9ED, United Kingdom
Str. Armeneasca 28/1, office 1, Chisinau MD-2012, Republic of Moldova, Europe
Printed at: see last page
ISBN: 978-620-5-06477-1

ÍNDICE DE CONTEÚDOS:

PREFÁCIO

Os desenvolvimentos industriais e tecnológicos modernos têm um impacto próprio na vida humana e no ambiente. A ciência e a tecnologia fizeram crescer todos os aspectos da nossa vida. No entanto, por outro lado, o crescimento da industrialização amaldiçoou a atmosfera da vida com poluição, tanto visível como invisível.

Tendo em conta estes factos, a presente investigação foi realizada para explorar as causas invisíveis que afectam a vida humana, os animais, as culturas, as plantas e o clima devido à industrialização.

A cidade de Korba já se desenvolveu bastante no que respeita a indústrias como a NTPC, MPEB, BCPP, BALCO, IBP, etc. Todas as indústrias têm as suas próprias contribuições para o progresso do país, mas, pelo contrário, os riscos de poluição devido aos efluentes destas indústrias para os rios e riachos adjacentes, plantas, culturas e saúde dos seres humanos e do gado são dignos de nota. Para este efeito, o objetivo foi recolher amostras de efluentes de diferentes indústrias que confluem no rio Hasdeo e em várias nallas em diferentes pontos, como estações de amostragem.

Estas estações de amostragem estavam situadas em três secções diferentes do rio, ou seja, (i) a montante, (ii) a meio do curso e (iii) a jusante.

Estas amostras foram recolhidas periodicamente todos os meses ao longo do ano. Após certos tratamentos no laboratório, estes efluentes foram estudados para detetar a natureza física, como o odor, o aspeto, a cor, a dureza, o pH e outros parâmetros para mostrar o grau de poluição. Para este efeito, foram utilizados a espetrofotometria, a medição do pH e a espetroscopia de absorção.

Utilizando os instrumentos sofisticados acima referidos e outras análises químicas, foi detectada a presença de diferentes conteúdos orgânicos, qualitativos e quantitativos, e estudados os seus efeitos no ambiente. Para além destes estudos, foram também realizados estudos biológicos como a CBO, a CQO, etc.

A presença de metais pesados nos efluentes também foi investigada em diferentes pontos de confluência.

Assim, em resumo, as propriedades físicas, químicas e biológicas do rio Hasdeo e os efluentes de diferentes indústrias da zona industrial de Korba foram o principal objetivo da presente investigação.

CAPÍTULO 1

1.1- INTRODUÇÃO GERAL

A infusão química de duas matérias em estado gasoso transforma a combinação numa matéria líquida vulgarmente conhecida como água, que é um dos elementos mais importantes de "Panch Tatwa" Céu, água, solo, ar e fogo, de acordo com a nossa crença mitológica. (Bharti Saini e Pradeep Kumar. 2012). A ciência moderna revela que a água não é um elemento, mas sim um composto de gases de hidrogénio e oxigénio numa proporção definida.

A água é a substância mais comum na Terra, cobrindo mais de 70% da superfície do planeta. Todos os seres vivos são constituídos maioritariamente por água, por exemplo. (Emmanuel Bernard e Nurudeen Ayeni. 2012). O corpo humano é constituído por cerca de 2/3 de água. A terra, o ar, o fogo e a água eram considerados pelos filósofos antigos como elementos antes da análise química. Este conceito manteve-se durante a Idade Média. (Das N. C. 2013). Foi só em 1781 que Henry Cavendish demonstrou que a água era obtida por combustão de hidrogénio. Pouco depois, descobriu-se que a água podia ser decomposta eletricamente em dois volumes de hidrogénio e um volume de oxigénio. A fórmula química da água foi objeto de controvérsia até 1860, quando Stenislao Cannizzarro a estabeleceu como H2O.

A água é um líquido límpido, incolor, que aparece azulado quando visto a uma espessura de 6 metros. A cor resulta não só de causas físicas, mas também de impurezas em suspensão. De acordo com a sua composição química, (Hemant Pathak. 2012). A água tem um ponto de ebulição elevado de 100°C ou 212°F e um ponto de congelação de 0° ou 32°F. Estas discrepâncias resultam da forte atração que cada molécula de água exerce sobre as outras, pelo que a energia necessária para fundir o sólido e ferver o líquido é maior do que se poderia prever. A água também apresenta alterações de volume invulgares com a temperatura. À medida que a água quente arrefece, contrai-se até atingir a sua densidade máxima a 4°C (39°F). (J. Yisa e T. Jimoh. 2010). Um arrefecimento adicional afecta a expansão da fase líquida e ocorre outra expansão quando o líquido se transforma em gelo. Estas duas peculiaridades ocorrem devido à formação de um arranjo altamente ordenado de ligações de hidrogénio da molécula de água.

A água pura é um mau condutor de eletricidade, mas as impurezas que se encontram na água natural transformam-na num condutor relativamente bom. (K. Saravanakumar e R. Ranjith Kumar. 2011) A capacidade da água para atuar como solvente universal, bem como a sua elevada constante dieléctrica (cerca de 80), resultam da natureza polar da molécula de água.

A água é o composto mais maravilhoso, mais abundante e mais útil da natureza, contendo muitos elementos essenciais para a existência dos seres humanos, animais e plantas (por exemplo, ar, água, minerais, etc.), a água é considerada o mais importante.

Estima-se que o corpo humano é constituído por dois terços de água. (Kavita Parmar e Vineeta

Parmar. 2010) Assim, a água é necessária para o desempenho eficiente do organismo fisiológico, como fluido circulatório. Como transportador de alimentos nutritivos e para a remoção de produtos de resíduos. (Kumar Naresh, Singh Ankusha e Sharma Priya. 2013.) A água não é apenas essencial para a vida dos animais e das plantas, mas também ocupa uma posição única nas indústrias. Provavelmente, a sua utilização mais importante como material de engenharia é na "geração de vapor" (Mahesh Kumar Akkaraboyina e B. S. N. Raju. 2012). A água é também utilizada como refrigerante em centrais eléctricas e químicas. Além disso, a água é amplamente utilizada noutros domínios, como a produção de aço, rayon, papel, energia atómica, têxteis e para fins de ar condicionado, consumo, sanitários, lavagem, irrigação, etc.

A qualidade da água é determinada pelas quantidades e pelo tipo de substâncias suspensas e dissolvidas (Mohamed Hanipha M. e Zahir Hussain A. 2013). O grau de acidez ou alcalinidade, a temperatura, a cor e a transparência, o sabor e o odor e a presença de microrganismos indesejáveis.

Todas as águas naturais contêm substâncias inorgânicas e orgânicas dissolvidas. A carga total de sólidos dissolvidos dos rios situa-se geralmente entre 20 e 2000 partes por milhão, podendo ser mais elevada nas águas subterrâneas. (12) Nas águas superficiais naturais (não poluídas), os principais sólidos dissolvidos são o cálcio. Magnésio, sódio, potássio, sulfato, cloreto, carbonato, bicarbonato e sílica (Nakade D. B. 2013).

Nos Estados Unidos, a concentração média varia entre cerca de 50 partes por milhão nas montanhas húmidas do Oeste e nas regiões de Apalaches e 1000 partes por milhão nas regiões não montanhosas do Oeste. Em qualquer curso de água, as concentrações de matéria dissolvida aumentam à medida que o caudal diminui.

Muitos poluentes podem também ser encontrados em solução. (Patil P.N. Sawant. D.V, Deshmukh. R.N. 2012). Estes podem ser grandes aumentos de substâncias normalmente presentes, como nitratos, fosfatos e certos metais, ou podem ser materiais não encontrados naturalmente, como os pesticidas.

O pH da água, uma medida de acidez e alcalinidade, é um importante fator de qualidade. A água dos cursos de água varia geralmente entre pH 6,5 (ligeiramente ácida) e pH 8,5 (algo alcalina). A água da chuva é naturalmente ácida (pH 5,6), mas a sua acidez foi muito aumentada (pH 4 a 5) em algumas regiões por poluentes atmosféricos.

Os animais que vivem na água dependem do oxigénio dissolvido para viver. Assim, a concentração de oxigénio é uma determinação crítica da qualidade da água. (Pramisha Sharna, Amit Dubey e S. K. Chatterjee. 2013.) As concentrações máximas possíveis diminuem de 14,5 partes por milhão a 30°C (86°F) e a quantidade real presente depende do equilíbrio entre as contribuições da atmosfera e das plantas, a fotossíntese e as extracções por respiração e a decomposição da matéria orgânica. (A. Ponniah Raju, Dr. N. Chandrasekar, S. Saravanan. 2012) Uma diminuição acentuada do oxigénio dissolvido devido à decomposição bacteriana dos resíduos orgânicos tem sido um aspeto importante da poluição da água.

Os sedimentos em suspensão são constituintes importantes da qualidade da água, porque afectam a penetração da luz, os ovos de peixe e outros seres vivos do fundo, enchem lagos e reservatórios e tornam a água indesejável para muitas utilizações. Os sedimentos também estão ligados a outros factores de qualidade da água porque os pesticidas, fosfatos e bactérias podem estar ligados a partículas de sedimentos. (A. Q. Dar, Saima Showkat e Saqib Gulzar. 2014) A utilização do solo e a cobertura vegetal são os factores determinantes mais importantes da carga de sedimentos. A concentração média nos cursos de água é de 100 partes por milhão ou menos nas florestas húmidas, mas pode atingir 100 000 partes por milhão nas zonas desérticas; as concentrações aumentam rapidamente à medida que o caudal aumenta.

As bactérias coliformes fecais na água são um índice importante da qualidade da água (Ahmad I. Khwakaram, Salih N. Majid e Nzar Y. Hama. 2012). Estas bactérias derivadas dos intestinos dos mamíferos (incluindo o ser humano) indicam a possibilidade de estarem presentes organismos de diminuição.

A temperatura da água é importante porque influencia a taxa metabólica dos organismos aquáticos e a taxa de reacções químicas. (Ali Behmanesh e Yaser Feizabadi. 2013) O aumento significativo da temperatura provocado pela descarga industrial de água aquecida pode ser prejudicial para a vida aquática, uma situação designada por poluição térmica.

A eliminação das águas residuais é um dos principais problemas que as cidades da Índia enfrentam. Os rios e ribeiros que correm perto da cidade são considerados o melhor local para a eliminação de águas residuais não tratadas ou parcialmente tratadas, ao passo que noutros locais. (Bharti N, Katyal. D. 2011) São lançadas nas zonas baixas, ao passo que na maior parte dos locais são utilizadas para o cultivo de legumes ou culturas em redor das grandes cidades da Índia e de outras partes do mundo. Na Índia, apenas algumas das grandes cidades possuem estações de tratamento de águas residuais, mas na maioria das cidades as águas residuais não tratadas ou parcialmente tratadas são descarregadas nos rios, nas zonas baixas e nos campos agrícolas. (Aturamu, Adeyinka Oluyemi. 2012) Este facto conduziu a um outro problema, a poluição da água. Por isso, a análise físico-química das águas residuais é a principal necessidade antes de estas serem eliminadas nos rios ou nos campos agrícolas. As propriedades físico-químicas das águas residuais urbanas foram investigadas na Índia e noutros locais do mundo.

A Índia é um grande país com vários rios grandes e pequenos. (D. K. Pandey, S. Biswas, R. Sharma e C. S. Meshram. 2012), estes rios desempenham um papel muito importante na evolução da religião, da cultura, das povoações das aldeias, vilas e cidades da Índia. Por isso, os rios são considerados sagrados e adorados no nosso país. (D. Senthil Kumar, P. Satheeshkumar e P. Gopalakrishnan. 2011) fornecem água para irrigação, banhos, lavagens, pesca e fins recreativos. A qualidade da água destes rios começou a deteriorar-se nas últimas décadas.

(Tripathi 1986) observou que todos os rios indianos importantes como Brahmaputra, Ganga, Indus, Couvery, Godawari, Sabarmati, Mahanadi, Mahi, Sone Namada, Chinnar e subamrekha estão a ser continuamente poluídos. Foram efectuados vários estudos sobre a deterioração da qualidade da água dos rios indianos.

Muitas cidades e inúmeras aldeias estão situadas nas margens dos rios, onde são regularmente descarregados resíduos domésticos não tratados ou parcialmente tratados (Deepshikha Sharma e Arun Kansal. 2011).

Este facto resultou na deterioração da qualidade da água destes rios. Muitos investigadores têm-se dedicado ao estudo das caraterísticas físico-químicas e biológicas das águas dos rios poluídos por descargas de esgotos na Índia e no estrangeiro.

A maioria das nossas fábricas está situada ao longo dos nossos rios, descarregando efluentes não tratados ou parcialmente tratados nos rios e a água do rio torna-se muito mais poluída. (Frederick A. Armah, Isaac Luginaah e Benjamin Ason. 2012) Muitos investigadores estudaram o impacto de diferentes tipos de efluentes nas caraterísticas físico-químicas e biológicas da água dos rios na Índia, por exemplo, a indústria química (Ganpati e Alikuni, 1950; David , 1956 b; Deshmukh et al, 1964; Ambasht e Tripathi, 1978e Datar Vashishtha. 1992 Efluentes de fábricas de papel (Ganpati e Chacko, 1951; David, 1956 a; Motwani et al, 1956; Motwani e Karanchandani, 1956; Basu, 1966; Dhaneshwar et al, 1970; Shastri et al, 1972; e Venkateshwarlu, 1969, shrivastava et al, 1988; Pal harya e Malviya, 1989. Fábrica de açúcar (Baneijee e Motwani, 1960; David e Ray, 1966). Fábrica de rayon de viscose Khare e Sastry, 1970 e efluentes de fábricas têxteis Shastri et al, 1972 e Palria. Verificou-se que a eliminação de esgotos no solo aumenta a concentração de metais pesados como o Cu, Zn, Cr e Ni no solo (David, 1956b e Dater & Vashishta 1990). O aumento dos metais pesados no solo leva a um aumento da sua absorção pelas plantas. Assim, o aumento de metais pesados no solo agrícola e o seu aumento concomitante nas partes das plantas são aspectos muito importantes da irrigação com águas residuais, tendo vários trabalhadores estudado os metais no solo e nas plantas irrigadas com águas residuais. O impacto da irrigação com águas residuais na concentração de metais pesados no solo e nas partes das plantas foi investigado na Índia e noutras partes do mundo.

Um homem pode viver sem comida durante cerca de dois meses, mas dificilmente consegue sobreviver três ou quatro dias sem água. A água é também essencial para a produção de alimentos e para muitas outras utilizações em casa e no exterior. De acordo com alguns números, é consensual que 70,8% da superfície da Terra é coberta por água e 29,2% por terra. Outros sugerem que a percentagem da superfície da Terra coberta por água é de 71,11%; a percentagem coberta por terra é de 28,99%. Apenas 3% da água é água doce, o resto é água salgada. A quantidade de Terra coberta por água é exatamente 71,13%. Em 3% de água doce, apenas 1% de água doce está disponível para consumo, agricultura, produção de energia doméstica, fins industriais, etc. E os restantes 2% de água doce estão encerrados nos glaciares e nas calotes polares. Cerca de 60% do corpo humano é constituído por água. Sem água, não podemos imaginar qualquer tipo de vida na Terra, pelo que a proteção das fontes de água é essencial para a nossa sobrevivência. (Goutam Bala e Ambarish Mukherjee. 2010) A água é, sem dúvida, o recurso natural mais precioso que existe no nosso planeta. Sem este composto de valor aparentemente inestimável, constituído por hidrogénio e oxigénio, a vida na Terra seria inexistente. É essencial para que tudo no nosso planeta cresça e prospere. (K. Mophin-Kani e A. G. Murugesan. 2011) A água é vida, está a ser utilizada de forma viva por nós, como para beber, cozinhar, lavar, tomar banho, eliminar esgotos, irrigar, gerar eletricidade em centrais eléctricas, fabricar diferentes produtos industriais e eliminar resíduos industriais. Durante todos estes processos, os poluentes são adicionados às fontes de água a tal ponto que 70% dos nossos ribeiros e rios contêm água poluída. (K. Yogendra e E. T. Puttaiah. 2008) A água é um solvente universal e, por conseguinte, vários elementos encontram-se dissolvidos nela. As propriedades físicas e químicas da água, tais como a cor, o odor, o sabor, a temperatura, a acidez, a alcalinidade e a composição química da água poluída são diferentes das da água pura. O grau de poluição é indicado pelo grau de diferença. (Parihar S.S., Kumar Ajit, Kumar Ajay, Gupta R.N., Pathak Manoj, 2012) De acordo com a Organização Mundial de Saúde (OMS), estima-se que a diarreia é uma das principais causas de morte nos países pobres e, em especial, nos países em desenvolvimento. Todos os anos, há cerca de 4 mil milhões de casos de diarreia em todo o mundo. E 2,2 milhões de pessoas morrem anualmente, na sua maioria crianças com menos de 5 anos de idade. A utilização de água não segura tem sido responsável por esta doença e também por muitos tipos de doenças.

A qualidade da água é muito importante para o ser humano, porque a maioria das doenças ocorre devido à falta de segurança da água e a água está poluída devido às actividades humanas e à industrialização, sendo que todos os tipos de indústrias contribuem para a poluição e são os principais responsáveis pela poluição da água. A qualidade da água é constituída por parâmetros físicos, químicos e biológicos. Se houver alguma alteração neste parâmetro de qualidade da água, a água torna-se poluída e não é segura para beber. E também afecta o ecossistema.

Águas subterrâneas e águas de superfície:

A maioria das pessoas depende da água subterrânea e utiliza-a para beber e para outros fins domésticos. A monitorização da qualidade da água é uma das prioridades mais importantes da política de proteção do ambiente, a fim de controlar e minimizar a incidência de problemas relacionados com a poluição e de fornecer água de qualidade adequada para servir vários fins, como o abastecimento de água potável, a irrigação, a recreação e a indústria, e de proteger os valiosos recursos de água doce para salvaguardar a saúde pública. A determinação da qualidade é crucial antes da utilização para vários fins. (Mophin & Murugesan 2011)

A água é um recurso natural limitado, essencial para a sobrevivência humana. (Chitta R. Panda e Swoyam P. Rout. 2009)Os recursos hídricos que cumprem determinadas normas de qualidade da água são necessários para a produção industrial e agrícola, bem como para muitos aspectos da vida das pessoas. A água para uso doméstico, em particular, está intimamente relacionada com a vida das pessoas e a sua qualidade afecta diretamente a saúde pública. Nos últimos anos, uma ameaça crescente à qualidade das águas subterrâneas devido às actividades humanas tornou-se de grande importância. (Datar, M.D. e Vashishtha, R.P. (1992)) Os efeitos adversos sobre a qualidade das águas subterrâneas são o resultado da atividade do homem à superfície do solo, involuntariamente através da agricultura, dos efluentes domésticos e industriais, inesperadamente através da eliminação sub-superficial ou superficial de esgotos e resíduos industriais. A civilização moderna e a urbanização descarregam frequentemente efluentes industriais, esgotos domésticos e resíduos sólidos. Os recursos de água doce estão a tornar-se cada vez mais escassos e a deterioração da qualidade da água é agora um problema global. A descarga de produtos químicos tóxicos, a bombagem excessiva de qualificadores e a contaminação das massas de água com substâncias que promovem o crescimento de algas são algumas das principais causas actuais da degradação da qualidade da água. (Rizwan Ullah, Riffat Naseem Malik e abdul Qadir. 2009)0 estrume orgânico, os resíduos municipais e alguns fungicidas contêm frequentemente concentrações bastante elevadas de metais pesados. Os solos que recebem aplicações repetidas de estrume orgânico, fungicidas e pesticidas apresentam uma elevada concentração de metais pesados extraíveis, o que aumenta a sua concentração no escoamento superficial, uma vez que, ao cair sob a forma de chuva, a água recolhe pequenas quantidades de gases, iões, poeiras e partículas da atmosfera. (Sharma et al. 2013) A causa da poluição das águas subterrâneas é a criação de problemas de saúde. Uma vez que a água subterrânea é contaminada, a sua qualidade não pode ser restaurada através da interrupção dos poluentes da fonte, pelo que se torna imperativo monitorizar regularmente a qualidade da água subterrânea e criar formas e meios para a proteger. A qualidade da água é considerada como um fator importante para avaliar as alterações ambientais que estão fortemente associadas ao desenvolvimento social e económico. (Salih et al. 2012)

As águas subterrâneas são a principal fonte de água potável tanto nas zonas urbanas como nas rurais. A importância da água subterrânea para a existência da sociedade humana não pode ser subestimada, uma vez que afecta não só as utilizações humanas, mas também a vida vegetal e animal. A crise das águas subterrâneas não é o resultado de factores naturais. Foi causada pela ação humana. Muitos dos problemas de saúde que afectam a humanidade, especialmente nos países em desenvolvimento, podem ser atribuídos à falta de abastecimento de água segura e completa. (Shinde Deepak e Ningwal Uday Singh. 2013) As águas subterrâneas contêm uma grande quantidade de vários iões, sais, etc. Assim, se utilizássemos esse tipo de água como água potável, isso conduziria a várias doenças transmitidas pela água. A água potável não segura contribuiu para numerosos problemas de saúde nos países em desenvolvimento. Entre os planetas, a Terra é o único em que existem águas sólidas, líquidas e gasosas. Existem condições ideais para a vida, sendo a água um elemento vital. A água de várias fontes contém gases dissolvidos, minerais, substâncias orgânicas e inorgânicas.

Os recursos hídricos são fontes de água que são úteis ou potencialmente úteis para os seres humanos. As utilizações da água incluem actividades agrícolas, industriais, domésticas, recreativas e ambientais. Praticamente todas estas utilizações humanas requerem água doce. (Singh Dhanesh e Jangde Ashok Kumar. 2013) Todas as fontes de água no planeta Terra são classificadas em duas categorias

A água é considerada absolutamente essencial para sustentar a vida. Na Índia, a água subterrânea desempenha um papel importante na satisfação das necessidades domésticas e agrícolas. (T. Subramani, S. Krishnan e P.K. Kumaresan.2012) A procura cada vez maior de recursos hídricos, juntamente com o ritmo a que grande parte da água doce da Terra é afetada negativamente pelas actividades humanas, demonstra uma crise em desenvolvimento e um futuro horrível se os recursos hídricos ambientais não forem geridos de forma adequada (Hiremath et al. 2011).

Muitas pessoas da zona industrial estão a sofrer de problemas de saúde devido ao consumo da água contaminada disponível. As águas subterrâneas são uma importante fonte de abastecimento de água em todo o mundo. As águas subterrâneas são os recursos naturais mais indispensáveis e preciosos, que se espera que estejam livres da população. No entanto, a água é frequentemente poluída de várias formas. A água é essencial para a existência humana e para a propagação de toda a vida biótica e é a chave para o desenvolvimento socioeconómico. O relatório das Nações Unidas classificou a Índia entre os piores países em termos de má qualidade da água, bem como a sua capacidade e empenho em melhorar a situação. (As actividades metabólicas e fisiológicas e os processos de vida dos organismos aquáticos são geralmente influenciados por esses resíduos poluídos e, por conseguinte, é essencial estudar as caraterísticas físico-químicas da água. (Saravanakumar et al. 2011) O estudo físico-químico pode ajudar a compreender a estrutura e a função de uma determinada massa de água. A Índia é dotada de uma rica e vasta diversidade de recursos naturais, sendo a água um deles. De entre os muitos elementos essenciais para a existência dos seres humanos, dos animais e das plantas, a água é considerada o mais importante/ Verma Apoorv e Pandey Govind. 2014) A monitorização do regime das águas subterrâneas consiste em obter informações sobre os níveis e a qualidade química das águas subterrâneas através de uma amostragem representativa. Devido ao abastecimento inadequado de águas superficiais, a maioria das pessoas na Índia depende principalmente dos recursos hídricos subterrâneos para beber e para utilizações domésticas, industriais e de irrigação. Inúmeras grandes vilas e muitas cidades na Índia abastecem-se de água subterrânea para diferentes utilizações através da rede municipal e também de um grande número de furos privados. Só na Ásia, cerca de mil milhões de pessoas dependem diretamente dos recursos hídricos subterrâneos e, na Índia, a maior parte da população depende das águas subterrâneas como única fonte de abastecimento de água potável. (Verma S., Thakur B e Das S. 2012) Considera-se que as águas subterrâneas são comparativamente muito mais limpas e isentas de poluição do que as águas superficiais. Mas a descarga prolongada de efluentes industriais, esgotos domésticos e lixeiras de resíduos sólidos faz com que as águas subterrâneas fiquem poluídas e criem problemas de saúde. (Vinod Jena, Satish Dixit e Sapana Gupta. 2012) Nos últimos anos, devido ao crescimento contínuo da população, à rápida industrialização e às tecnologias que acompanham a eliminação de resíduos, a taxa de descarga dos poluentes no ambiente é muito superior à taxa de purificação. (Vinod Jena, Satish Dixit e Sapana Gupta. 2013) A dependência das águas subterrâneas aumentou tremendamente nos últimos anos em muitas partes da Índia. Por conseguinte, a análise físico-química da água é importante para avaliar a qualidade da água subterrânea em qualquer bacia e/ou área urbana que influencie a adequação da água para as necessidades domésticas, de irrigação e industriais. Devido à importância da água subterrânea para consumo humano e outras utilizações, os seus aspectos ambientais, como o transporte de contaminação, têm sido objeto de um estudo significativo. Muitos investigadores têm-se debruçado sobre as caraterísticas hidroquímicas e a contaminação das águas subterrâneas em diferentes bacias, bem como em zonas industriais, que resultam da intervenção antropogénica, principalmente através de actividades agrícolas e de águas residuais industriais. Fenómenos naturais como vulcões, proliferação de algas, tempestades e terramotos também provocam grandes alterações na qualidade da água e no seu estado ecológico. (Mangukiya et al. 2012)

Nos últimos anos, devido ao enorme desenvolvimento da indústria e da agricultura, o ecossistema aquático foi percetivelmente alterado em vários aspectos e, como tal, está exposto a todas as perturbações locais, independentemente do local onde ocorrem. (Yadav et al. 2013) Cerca de 2,3 mil milhões de pessoas sofrem de doenças relacionadas com a água suja em todo o mundo. Beber e tomar banho em água poluída são as vias mais comuns para a propagação de doenças com sintomas como dores abdominais, queda de cabelo, dormência nas mãos, perda de apetite, infecções oculares, irritação da pele e febre. (Rizwan Ullah et al. 2009) É preciso recordar que qualquer atividade natural ou humana na superfície da terra terá o seu maior impacto na qualidade e na quantidade de água; esta será levada para os sistemas da biosfera e, em última análise, conduzirá a extremos hidrológicos. (Subramani et al. 2012) Os métodos físicos e químicos dizem respeito a uma variedade de procedimentos, cada um aplicável a uma situação específica. Em muitos casos, é necessária uma combinação de análises químicas para obter uma imagem razoavelmente exacta da qualidade da água.

(Verma et al. 2014) A água potável com qualidade de água subterrânea é muito importante para melhorar a vida das pessoas e prevenir doenças. (Mohamed et al. 2013)

A água potável é a água isenta de microrganismos produtores de doenças e de substâncias químicas. A escassez de água potável limpa e potável surgiu como o problema ambiental mais grave do século XXI. (Das N.C. 2013) A água, enquanto solvente universal, tem a capacidade de dissolver muitas substâncias, quer sejam compostos orgânicos ou inorgânicos. Com esta propriedade extraordinária, no entanto, é quase impossível ter água na sua forma pura, uma vez que não pode ser mantida no vácuo. A água que se encontra abaixo do nível freático é designada por água subterrânea. (Emmanuel et al. 2012) É, portanto, necessário que a qualidade da água potável seja verificada em intervalos regulares, bem como descobrir as várias fontes que aumentam a poluição das águas subterrâneas.

A poluição das águas subterrâneas é motivo de grande preocupação, em primeiro lugar devido à crescente utilização para as necessidades humanas e, em segundo lugar, devido aos efeitos nocivos do aumento da atividade industrial. As indústrias consomem grandes quantidades de água, esgotando consequentemente os recursos disponíveis e, ao mesmo tempo, produzem águas residuais que contêm produtos químicos orgânicos e metais pesados tóxicos, dependendo dos vários produtos químicos utilizados nas indústrias. Mesmo após tratamento aeróbio ou anaeróbio, a eliminação dos resíduos e efluentes industriais contém substâncias tóxicas que são lixiviadas e se infiltram no solo e afectam o curso das águas subterrâneas. (Yadav Janeshwar, Pathak R. K. e Khan Eliyas. 2013) O armazenamento de produtos petrolíferos líquidos acima do solo ou no subsolo representa uma ameaça potencial para a saúde pública e o ambiente. A gasolina, o gasóleo e o fuelóleo podem deslocar-se rapidamente através das camadas superficiais até às águas subterrâneas. Alguns litros de gasolina nas águas subterrâneas podem ser suficientes para poluir gravemente a água potável. Por conseguinte, a monitorização regular da poluição das águas subterrâneas numa zona industrial assume uma importância primordial para manter a segurança ambiental. A qualidade da água depende de vários parâmetros. Em geral, a qualidade das águas subterrâneas nas zonas industriais é determinada medindo a concentração de alguns parâmetros físico-químicos e comparando-os com as normas relativas à água potável. No entanto, o número de parâmetros necessários para especificar completamente a qualidade da água é bastante elevado. Num país em desenvolvimento como a Índia, pode ser demasiado caro ou mesmo inviável determinar todos eles devido à falta de instalações laboratoriais ou de mão de obra treinada. (Antony et al. 2008)

A poluição da água é a principal causa mundial de mortes e doenças, sendo responsável pela morte de mais de 14.000 pessoas por dia e 1.000 crianças indianas morrem diariamente de doença diarreica. Assim, a análise regular de amostras de água é a única forma de ter a certeza de que a água subterrânea não está contaminada. (Mumtazuddin et al. 2013) De acordo com a organização da OMS, cerca de 80% de todas as doenças dos seres humanos são causadas pela água. Uma vez que a água subterrânea esteja contaminada, a sua qualidade não pode ser restaurada através da eliminação dos poluentes da fonte. Torna-se, portanto, imperativo monitorizar regularmente a qualidade da água subterrânea e encontrar formas e meios de a proteger. (Ambiga & Durai 2013)

Os parâmetros de poluição foram classificados como físicos, químicos e biológicos com base em testes analíticos. Os parâmetros físicos incluem a temperatura, a turvação, a cor, as matérias em suspensão e flutuantes, etc. Os parâmetros químicos incluem o oxigénio dissolvido (OD) orgânico e inorgânico, a carência bioquímica de oxigénio (CBO), a carência química de oxigénio (CQO), o pH, a alcalinidade, os cloretos, a dureza, o ferro, etc. Os parâmetros biológicos incluem a população bacteriana total, coliformes, etc. (Naresh et al. 2013) para avaliar a qualidade da água a partir de um grande número de amostras, cada uma contendo concentrações para muitos parâmetros, é difícil. As diretrizes e normas de qualidade da água potável são concebidas para permitir o fornecimento de água limpa e segura para consumo humano, protegendo assim a saúde humana. Normalmente, baseiam-se em níveis de toxicidade aceitáveis, avaliados cientificamente, quer para os seres humanos quer para os organismos aquáticos. A diminuição da qualidade da água tornou-se uma questão global preocupante à medida que as populações humanas crescem, as actividades industriais e agrícolas se expandem e as alterações climáticas ameaçam causar grandes alterações no ciclo hidrológico. A água é um recurso único porque é essencial para toda a vida e está constantemente a circular entre a terra e a atmosfera. A mesma água que é utilizada para a produção vegetal e animal também pode ser partilhada com o público e o ecossistema aquático e terrestre. Os recursos hídricos são uma das grandes questões ambientais e são estudados por uma vasta gama de especialistas, incluindo hidrólogos, engenheiros, ecologistas, geólogos e geomorfólogos. (Chowdhury et al. 2012) O número de indústrias na Índia, durante a última década, cresceu mais de dez vezes e, consequentemente, os problemas relacionados com a degradação ambiental aumentaram muitas vezes. É necessário um desenvolvimento sustentável do crescimento económico e das indústrias. Algumas das indústrias libertam os seus efluentes em terrenos abertos ou nas massas de água superficiais circundantes, contaminando o solo, as águas superficiais e, em última análise, as águas subterrâneas. O Governo da Índia está consciente destes problemas e começou a estudar medidas corretivas para limpar algumas das massas de água de superfície altamente contaminadas. O envolvimento de custos muito elevados de remediação tornará este processo lento e, por conseguinte, é essencial que a contaminação das massas de água seja controlada em vez de remediada. (Ambiga & Durai 2013) É difícil compreender plenamente o fenómeno biológico porque a química da água revela muito sobre o metabolismo do ecossistema e explica a relação hidrobiológica geral (Patil, et al. 2012).

A poluição da água é um problema global importante que exige uma avaliação e revisão contínuas da política de recursos hídricos a todos os níveis (internacional até aos aquíferos e poços individuais). Foi sugerido que é a principal causa mundial de mortes e doenças e que é responsável pela morte de mais de 14 000 pessoas por dia. Estima-se que 700 milhões de indianos não têm acesso a uma casa de banho adequada e que 1 000 crianças indianas morrem diariamente de doenças diarreicas (Verma, S.R. e Shukla, C.R. (1967)). Cerca de 90% das cidades da China sofrem de algum grau de poluição da água e quase 500 milhões de pessoas não têm acesso a água potável. Para além dos graves problemas de poluição da água nos países em desenvolvimento, os países desenvolvidos continuam também a debater-se com problemas de poluição. No mais recente relatório nacional sobre a qualidade da água nos Estados Unidos, 45% dos quilómetros de cursos de água avaliados, 47% dos hectares de lagos avaliados e 32% dos quilómetros quadrados de baías e estuários avaliados foram classificados como poluídos.

A água é tipicamente referida como poluída quando é prejudicada por contaminantes antropogénicos e não suporta uma utilização humana, como a água potável, e/ou sofre uma mudança acentuada na sua capacidade de suportar as comunidades bióticas que a constituem, como os peixes. (Vasisht, H.S. e Sheikher, C. (1983))Fenómenos naturais como vulcões, proliferação de algas, tempestades e terramotos também causam grandes alterações na qualidade da água e no estado ecológico da água.

As águas superficiais e as águas subterrâneas têm sido frequentemente estudadas e geridas como recursos separados, embora estejam inter-relacionadas. A água de superfície infiltra-se no solo e transforma-se em água subterrânea. Por outro lado, as águas subterrâneas também podem alimentar as fontes de águas superficiais. As fontes de poluição das águas superficiais são geralmente agrupadas em duas categorias com base na sua origem.

Fontes pontuais

A poluição pontual da água refere-se a contaminantes que entram num curso de água a partir de uma fonte única e identificável, como um cano ou uma vala. Exemplos de fontes nesta categoria incluem as descargas de uma estação de tratamento de esgotos, de uma fábrica ou de um coletor de águas pluviais da cidade. A definição de fonte pontual da CWA foi alterada em 1987 para incluir os sistemas municipais de esgotos pluviais, bem como as águas pluviais industriais, como as provenientes de estaleiros de construção.

Fontes não pontuais

A poluição de fonte não pontual refere-se à contaminação difusa que não tem origem numa única fonte discreta. A poluição NPS é frequentemente o efeito cumulativo de pequenas quantidades de contaminantes recolhidos numa grande área. (Halden,, W.S. (ed.) (1970). Um exemplo comum é a lixiviação de compostos de azoto de terras agrícolas fertilizadas. O escoamento de nutrientes em águas pluviais a partir de um "fluxo de folha" sobre um campo agrícola ou uma floresta são também citados como exemplos de poluição NPS.

As águas pluviais contaminadas lavadas em parques de estacionamento, estradas e auto-estradas, designadas por escoamento urbano, são por vezes incluídas na categoria de poluição NPS. No entanto, este escoamento é normalmente canalizado para sistemas de drenagem de águas pluviais e descarregado através de condutas para águas de superfície locais, constituindo uma fonte pontual. No entanto, quando essas águas não são canalizadas e drenam diretamente para o solo, trata-se de uma fonte não pontual.

Poluição das águas subterrâneas

As interações entre as águas subterrâneas e as águas superficiais são complexas. Consequentemente, a poluição das águas subterrâneas, por vezes referida como contaminação das águas subterrâneas, não é tão facilmente classificada como a poluição das águas superficiais. Pela sua própria natureza, os aquíferos de águas subterrâneas são susceptíveis de contaminação a partir de fontes que podem não afetar diretamente as massas de água de superfície, e a distinção entre fonte pontual e não pontual pode ser irrelevante. Um derrame ou libertação contínua de contaminantes químicos ou radionuclídeos no solo (localizado longe de uma massa de água superficial) pode não criar poluição de fonte pontual ou não pontual, mas pode contaminar o aquífero abaixo, definido como uma pluma de toxinas. (Ciaccio Leonard., L. (1971).) O movimento da pluma, designado por frente de pluma, pode ser analisado através de um modelo de transporte hidrológico ou de um modelo de águas subterrâneas. A análise da contaminação das águas subterrâneas pode incidir sobre as caraterísticas do solo e a geologia do local, a hidrogeologia, a hidrologia e a natureza dos contaminantes.

Causas

Os contaminantes específicos que levam à poluição da água incluem um vasto espetro de produtos químicos, agentes patogénicos e alterações físicas ou sensoriais, tais como temperatura elevada e descoloração. Embora muitos dos produtos químicos e substâncias regulamentadas possam ocorrer naturalmente (cálcio, sódio, ferro, manganês, etc.), a concentração é frequentemente a chave para determinar o que é um componente natural da água e o que é um contaminante. Concentrações elevadas de substâncias que ocorrem naturalmente podem ter impactos negativos na flora e fauna aquáticas.

As substâncias que empobrecem o oxigénio podem ser materiais naturais, como a matéria vegetal (por exemplo, folhas e ervas), bem como produtos químicos produzidos pelo homem (Painter, N.A. (1971)). Outras substâncias naturais e antropogénicas podem causar turbidez (turvação) que bloqueia a luz e perturba o crescimento das plantas e obstrui as guelras de algumas espécies de peixes

Muitas das substâncias químicas são tóxicas. Os agentes patogénicos podem produzir doenças transmitidas pela água em hospedeiros humanos ou animais. A alteração da química física da água inclui a acidez (alteração do pH), a condutividade eléctrica, a temperatura e a eutrofização. (Ramarao, S.V.; Singh, V.P.; Mali, L.P. (1978)) A eutrofização é um aumento na concentração de nutrientes químicos num ecossistema a ponto de aumentar a produtividade primária do ecossistema. Dependendo do grau de eutrofização, podem ocorrer efeitos ambientais negativos subsequentes, como a anoxia (depleção de oxigénio) e reduções graves da qualidade da água, que afectam as populações de peixes e de outros animais.

As bactérias coliformes são um indicador bacteriano de poluição da água comummente utilizado, embora não sejam uma causa real de doença. Outros microrganismos encontrados por vezes nas águas superficiais e que causaram problemas de saúde humana são

Níveis elevados de agentes patogénicos podem resultar de descargas de águas residuais inadequadamente tratadas. Isto pode ser causado por uma estação de tratamento de águas residuais concebida com um tratamento inferior ao secundário (mais típico em países menos desenvolvidos). Nos países desenvolvidos, as cidades mais antigas com infra-estruturas envelhecidas podem ter sistemas de recolha de esgotos com fugas (tubos, bombas, válvulas), o que pode causar transbordamentos de esgotos sanitários. (Ray, P; Singh, S.B. e Sehgal, K.L. (1966)) Algumas cidades também têm esgotos combinados, que podem descarregar águas residuais não tratadas durante as tempestades.

As descargas de agentes patogénicos podem também ser causadas por operações pecuárias mal geridas.

Contaminantes químicos e outros

- Hidrocarbonetos de petróleo, incluindo combustíveis (gasolina, gasóleo, carborreactores e fuelóleo) e lubrificantes (óleo para motores), e subprodutos da combustão de combustíveis, provenientes do escoamento de águas pluviais
- Detritos de árvores e arbustos provenientes de operações de abate de árvores
- Compostos orgânicos voláteis (COV), como solventes industriais, devido a armazenamento incorreto.
- Os solventes clorados, que são líquidos densos em fase não aquosa (DNAPLs), podem cair no fundo dos reservatórios, uma vez que não se misturam bem com a água e são mais densos.
- Bifenilos policlorados (PCB)

Os poluentes **inorgânicos** da água incluem:

- Acidez causada por descargas industriais (especialmente dióxido de enxofre de centrais eléctricas)
- Amoníaco proveniente de resíduos do processamento de alimentos
- Resíduos químicos como subprodutos industriais
- Fertilizantes que contêm nutrientes - nitratos e fosfatos - que se encontram no escoamento de águas pluviais provenientes da agricultura, bem como da utilização comercial e residencial
- Metais pesados provenientes de veículos a motor (através do escoamento de águas pluviais

urbanas) e da drenagem ácida de minas

- Silte (sedimentos) em escorrências de estaleiros de construção, exploração madeireira, práticas de corte e remoção de resíduos ou locais de limpeza de terrenos.

A poluição **macroscópica** - grandes objectos visíveis que poluem a água - pode ser designada por "flutuantes" num contexto de águas pluviais urbanas, ou detritos marinhos quando encontrados em mar aberto, e pode incluir objectos como

- Lixo ou resíduos (por exemplo, papel, plástico ou restos de comida) deitados fora por pessoas no solo, juntamente com descargas acidentais ou intencionais de lixo, que são arrastados pela chuva para os colectores de águas pluviais e eventualmente descarregados nas águas de superfície
- Nurdles , pequenos grânulos de plástico à base de água, omnipresentes
- Naufrágios, grandes navios abandonados

Poluição térmica

A poluição térmica é a subida ou descida da temperatura de uma massa de água natural causada pela influência humana. A poluição térmica, ao contrário da poluição química, resulta numa alteração das propriedades físicas da água. (Rao. S.V.R.; Singh, V.P. and Mall, L.P. (1978)) Uma causa comum de poluição térmica é a utilização de água como refrigerante por centrais eléctricas e fabricantes industriais. As temperaturas elevadas da água diminuem os níveis de oxigénio (que podem matar os peixes) e afectam a composição do ecossistema, como a invasão por novas espécies termofílicas. O escoamento urbano também pode elevar a temperatura das águas superficiais

A poluição térmica pode também ser causada pela libertação de água muito fria da base das albufeiras para rios mais quentes.

Transporte e reacções químicas dos poluentes da água

A maioria dos poluentes da água acaba por ser transportada pelos rios para os oceanos. Em algumas zonas do mundo, a influência pode ser rastreada a centenas de quilómetros da foz através de estudos que utilizam modelos de transporte hidrológico. Modelos informáticos avançados, como o SWMM ou o modelo DSSAM, têm sido utilizados em muitos locais do mundo para examinar o destino dos poluentes nos sistemas aquáticos. Espécies indicadoras que se alimentam de filtros, como os copépodes, também têm sido utilizadas para estudar o destino dos poluentes na baía de Nova Iorque, por exemplo. (Saxena, P.N.; Tiwari, A e Khan, M.A. (1974))As cargas de toxinas mais elevadas não se encontram diretamente na foz do rio Hudson, mas a 100 quilómetros a sul, uma vez que são necessários vários dias para a incorporação no tecido planctónico. A descarga do Hudson flui para sul ao longo da costa devido à força de Coriolis. Mais a sul, existem zonas de depleção de oxigénio, causada por produtos químicos que consomem o oxigénio e por proliferação de algas, causada pelo excesso de nutrientes resultantes da morte e decomposição das células das algas. Foram registadas mortes de peixes e crustáceos, porque as toxinas sobem na cadeia alimentar depois de os peixes pequenos consumirem copépodes, depois os peixes grandes comerem peixes mais pequenos, etc. Cada passo sucessivo na cadeia alimentar provoca uma concentração gradual de poluentes como os metais pesados (por exemplo, o mercúrio) e os poluentes orgânicos persistentes como o DDT. Este fenómeno é conhecido como biomagnificação, que é ocasionalmente utilizado como sinónimo de bioacumulação.

Os grandes giros (vórtices) nos oceanos apanham os detritos plásticos flutuantes. O Giro do Pacífico Norte, por exemplo, recolheu a chamada "Grande Mancha de Lixo do Pacífico", atualmente estimada em 100 vezes o tamanho do Texas. Muitas destas peças de longa duração acabam no estômago de aves e animais marinhos. Isto resulta na obstrução das vias digestivas, o que leva a uma redução do apetite ou mesmo à fome.

Muitos produtos químicos sofrem decaimento reativo ou mudam quimicamente, especialmente durante longos períodos de tempo em reservatórios de água subterrânea. Uma classe notável de tais produtos químicos são os hidrocarbonetos clorados, tais como o tricloroetileno (utilizado no desengorduramento industrial de metais e no fabrico de produtos electrónicos) e o tetracloroetileno utilizado na indústria de limpeza a seco (note-se os últimos avanços no dióxido de carbono líquido na limpeza a seco, que evita toda a utilização de produtos químicos). (Bhargava, D.S. (1977))Estes dois produtos químicos, que são eles próprios cancerígenos, sofrem reacções de decomposição parcial, dando origem a novos produtos químicos perigosos (incluindo o dicloroetileno e o cloreto de vinilo)

A poluição das águas subterrâneas é muito mais difícil de eliminar do que a poluição superficial, porque as águas subterrâneas podem deslocar-se a grandes distâncias através de aquíferos invisíveis (Verde, R.S. e Ajwani, S.H. (1964)). Os aquíferos não porosos, como as argilas, purificam parcialmente a água das bactérias por simples filtração (adsorção e absorção), diluição e, em alguns casos, reacções químicas e atividade biológica: no entanto, em alguns casos, os poluentes transformam-se simplesmente em contaminantes do solo. As águas subterrâneas que se deslocam através de fissuras e cavernas não são filtradas e podem ser transportadas tão facilmente como as águas superficiais. De facto, esta situação pode ser agravada pela tendência humana de utilizar os sumidouros naturais como lixeiras em zonas de topografia cársica.

Há uma variedade de efeitos secundários que não resultam do poluente original, mas de uma condição derivada. Um exemplo é o escoamento superficial de sedimentos, que pode inibir a penetração da luz solar na coluna de água, dificultando a fotossíntese das plantas aquáticas

Tendo em conta o tema do tópico que foi estudado e descrito na dissertação, três frases envolvidas no tópico vêm à tona, nomeadamente indústrias, resíduos sólidos e líquidos e impactos ambientais. Será necessário apresentar aqui uma visão geral de cada uma das três para destacar a relevância, a utilidade e o significado dos resultados obtidos no decorrer dos estudos investigativos descritos na dissertação.

1.2- CARÁCTERÍSTICAS DA ÁGUA

Polaridade e ligação de hidrogénio

Uma caraterística importante da água é a sua natureza polar. A molécula de água forma um ângulo, com os átomos de hidrogénio nas pontas e o oxigénio no vértice. Uma vez que o oxigénio tem uma maior eletronegatividade do que o hidrogénio, o lado da molécula com o átomo de oxigénio tem uma carga negativa parcial. Um objeto com uma tal diferença de carga é designado por dipolo, ou seja, dois pólos. (Lester, W.F. (1969)) A extremidade do oxigénio é parcialmente negativa e a extremidade do hidrogénio é parcialmente positiva, pelo que a direção do momento de dipolo aponta para o oxigénio. As diferenças de carga fazem com que as moléculas de água sejam atraídas umas pelas outras (as áreas relativamente positivas são atraídas pelas áreas relativamente negativas) e por outras moléculas polares. Esta atração contribui para a formação de ligações de hidrogénio e explica muitas das propriedades da água, como a ação de solvente.

Uma molécula de água pode formar um máximo de quatro ligações de hidrogénio porque pode aceitar dois e doar dois átomos de hidrogénio. Outras moléculas como o fluoreto de hidrogénio, o amoníaco e o metanol formam ligações de hidrogénio, mas não apresentam um comportamento anómalo das propriedades termodinâmicas, cinéticas ou estruturais como as observadas na água. (Raina, V.; Shah, A.R. e Ahmed Shakto, R. (1984))A resposta à diferença aparente entre a água e outros líquidos que formam ligações de hidrogénio reside no facto de que, com exceção da água, nenhuma das moléculas que formam ligações de hidrogénio pode formar quatro ligações de hidrogénio, quer devido à incapacidade de doar/aceitar hidrogénios, quer devido a efeitos estéricos em resíduos volumosos. Na água, a ordem tetraédrica local devido às quatro ligações de hidrogénio dá origem a uma estrutura aberta e a uma rede de ligações tridimensional, resultando na diminuição anómala da densidade quando arrefecida abaixo de 4 °C.

Embora a ligação de hidrogénio seja uma atração relativamente fraca em comparação com as ligações covalentes dentro da própria molécula de água, é responsável por uma série de propriedades físicas da água. (Sarkar, R. e Krishnamoorthi. K.P. (1977)) Uma dessas propriedades é a temperatura relativamente elevada dos pontos de fusão e de ebulição; é necessária mais energia para quebrar as ligações de hidrogénio entre as moléculas. O composto similar sulfureto de hidrogénio (EbS), que tem ligações de hidrogénio muito mais fracas, é um gás à temperatura ambiente, apesar de ter o dobro da massa molecular da água. A ligação extra entre as moléculas de água também confere à água líquida uma grande capacidade térmica específica. Esta elevada capacidade térmica faz da água um bom meio de armazenamento de calor (refrigerante) e um escudo térmico.

Composição da água

A água é constituída apenas por hidrogénio e oxigénio. Ambos os elementos têm isótopos naturais estáveis e radioactivos. Devido a estes isótopos, prevê-se a formação de moléculas de água com massas entre 18 ($H2^{16}O$) e 22 ($D_2^{18}O$). Os isótopos e as suas abundâncias de H e O são apresentados de seguida. A partir destes dados, podemos estimar as abundâncias relativas de todas as moléculas de água isotópicas.

As moléculas de água predominantes $H2^{16}O$ têm uma massa de 18 amu, mas as moléculas com massa 19 e 20 ocorrem significativamente. Como as abundâncias isotópicas não são sempre as mesmas devido à sua origem astronómica, a distribuição isotópica das moléculas de água depende da sua origem e idade. O seu estudo está ligado a outras ciências. *(Ver* Dojlido, J.R. & Best, G.A. (1993) *Chemistry of Water and Water Pollution,* Ellis Harwood para a distribuição isotópica da água).

Coesão e adesão

As moléculas de água mantêm-se próximas umas das outras (coesão), devido à ação colectiva das ligações de hidrogénio entre as moléculas de água. (Trivedy, R.K. e Goel, P.K. (1986))Estas ligações de hidrogénio estão constantemente a quebrar-se, formando-se novas ligações com diferentes moléculas de água; mas em qualquer momento, numa amostra de água líquida, uma grande parte das moléculas são mantidas juntas por essas ligações.

A água também tem elevadas propriedades de aderência devido à sua natureza polar. Num vidro extremamente limpo/liso, a água pode formar uma película fina porque as forças moleculares entre o vidro e as moléculas de água (forças adesivas) são mais fortes do que as forças de coesão. Nas células e organelos biológicos, a água está em contacto com as superfícies das membranas e das proteínas que são hidrofílicas (Cropper, M.L. e Oates, W.E. (1992)), ou seja, superfícies que têm uma forte atração pela água. Irving Langmuir observou uma forte força de repulsão entre superfícies hidrofílicas. Para desidratar superfícies hidrofílicas - para remover as camadas de água de hidratação fortemente retidas - é necessário efetuar um trabalho substancial contra estas forças, chamadas forças de hidratação. Estas forças são muito grandes, mas diminuem rapidamente ao longo de um nanómetro ou menos. São importantes em biologia, particularmente quando as células são desidratadas por exposição a atmosferas secas ou a congelação extracelular.

Tensão superficial

Este clip está debaixo do nível da água, que subiu suave e suavemente. A tensão superficial impede que o clipe submerja e que a água transborde os bordos do vidro.

A água tem uma elevada tensão superficial de 72,8 mN/m à temperatura ambiente, causada pela forte coesão entre as moléculas de água, a mais elevada dos líquidos não metálicos. Isto pode ser observado quando pequenas quantidades de água são colocadas numa superfície sem sorção (não adsorvente e não absorvente), como o polietileno ou o teflon, e a água mantém-se unida sob a forma de gotas. Um outro efeito da tensão superficial são as ondas capilares, que são as ondulações superficiais que se formam em torno dos impactos das gotas nas superfícies da água e que, por vezes, ocorrem com fortes correntes subsuperficiais que fluem para a superfície da água. A elasticidade aparente causada pela tensão superficial impulsiona as ondas.

Ação capilar

Devido à interação das forças de adesão e de tensão superficial, a água apresenta uma ação capilar em que a água sobe para um tubo estreito contra a força da gravidade. (Organização Mundial de Saúde (1984)) A água adere à parede interior do tubo e a tensão superficial tende a endireitar a superfície, causando uma subida da superfície e mais água é puxada para cima através da coesão. O processo continua à medida que a água sobe pelo tubo até que haja água suficiente para que a gravidade equilibre a força adesiva.

A tensão superficial e a ação capilar são importantes em biologia. Por exemplo, quando a água é transportada através do xilema até aos caules das plantas, as fortes atracções intermoleculares (coesão) mantêm a coluna de água unida e as propriedades adesivas mantêm a ligação da água ao xilema e impedem a rutura da tensão causada pela força da transpiração.

A água como solvente

A água é também um bom solvente devido à sua polaridade. As substâncias que se misturam bem e se dissolvem na água (por exemplo, os sais) são conhecidas como substâncias hidrofílicas ("water-loving"), enquanto as que não se misturam bem com a água (por exemplo, gorduras e óleos) são conhecidas como substâncias hidrofóbicas ("water-fearing") (Datar, M.D., Jain, K.C. e Vashishtha, R.P. (1990) A capacidade de uma substância se dissolver em água é determinada pelo facto de a substância conseguir igualar ou melhorar as fortes forças de atração que as moléculas de água geram entre outras moléculas de água. Se uma substância tem propriedades que não lhe permitem ultrapassar estas fortes forças intermoleculares, as moléculas são "empurradas" para fora da água e não se dissolvem. Contrariamente à ideia errada comum, a água e as substâncias hidrofóbicas não se "repelem", e a hidratação de uma superfície hidrofóbica é energeticamente, mas não entropicamente, favorável.

Quando um composto iónico ou polar entra na água, é rodeado por moléculas de água (Hidratação). O tamanho relativamente pequeno das moléculas de água permite normalmente que muitas moléculas de água rodeiem uma molécula de soluto. (Coup, T.R. (1963)) As extremidades dipolares parcialmente negativas da água são atraídas por componentes do soluto com carga positiva, e vice-versa para as extremidades dipolares positivas.

Em geral, as substâncias iónicas e polares, como os ácidos, álcoois e sais, são relativamente solúveis em água, ao passo que as substâncias não polares, como as gorduras e os óleos, não o são. As moléculas não-polares permanecem juntas na água porque é energeticamente mais favorável para as moléculas de água ligarem-se umas às outras através de ligações de hidrogénio do que através de interações de van der Waals com moléculas não-polares.

Um exemplo de um soluto iónico é o sal de mesa; o cloreto de sódio, NaCl, separa-se em catiões Na^+ e aniões Cl^-, cada um rodeado por moléculas de água. Os iões são então facilmente transportados da sua estrutura cristalina para a solução. (Khare, G.K. e Sastry, C.A. (1970).)Um exemplo de um soluto não iónico é o açúcar de mesa. Os dipolos da água fazem ligações de hidrogénio com as regiões polares da molécula de açúcar (grupos OH) e permitem que esta seja transportada para a solução.

A água nas reacções ácido-base

Quimicamente, a água é anfotérica: pode atuar como um ácido ou uma base em reacções químicas. De acordo com a definição de Bronsted-Lowry, um ácido é definido como uma espécie que doa um protão (um ião H^+) numa reação, e uma base como uma espécie que recebe um protão. Quando reage com um ácido mais forte, a água actua como uma base; quando reage com uma base mais forte, actua como um ácido. Por exemplo, a água recebe um ião H^+ do HCl quando o ácido clorídrico é formado:

$$HCl \text{ (acid)} + H_2O \text{ (base)} \rightleftharpoons H_3O^+ + Cl^-$$

Na reação com o amoníaco, NH3, a água doa um ião H^+, actuando assim como um ácido: [44]

$$NH_3 \text{ (base)} + H_2O \text{ (acid)} \rightleftharpoons NH^+_4 + OH^-$$

Como o átomo de oxigénio da água tem dois pares solitários, a água actua frequentemente como uma base de Lewis, ou dador de pares de electrões, em reacções com ácidos de Lewis, embora também possa reagir com bases de Lewis, formando ligações de hidrogénio entre os dadores de pares de electrões e os átomos de hidrogénio da água (Patharya, J.P. e Malviya. S. (1989).) A teoria HSAB descreve a água como um ácido duro fraco e uma base dura fraca, o que significa que reage preferencialmente com outras espécies duras:

$$H^+ \text{ (Lewis acid)} + H_2O \text{ (Lewis base)} \rightarrow H_3O^+$$
$$Fe^{3+} \text{ (Lewis acid)} + H_2O \text{ (Lewis base)} \rightarrow Fe(H_2O)_3{+}6$$

$$Cl^- \text{ (Lewis base)} + H_2O \text{ (Lewis acid)} \rightarrow Cl(H_2O){-}6$$

Quando um sal de um ácido fraco ou de uma base fraca é dissolvido em água, a água pode hidrolisar parcialmente o sal, produzindo a base ou o ácido correspondente, o que confere às soluções aquosas de sabão e bicarbonato de sódio o seu pH básico:

$$Na_2CO_3 + H_2O \rightleftharpoons NaOH + NaHCO_3$$

Química dos ligandos

O carácter de base de Lewis da água torna-a um ligando comum em complexos de metais de transição, cujos exemplos vão desde iões solvatados, como o Fe(H2O)3+ 6, ao ácido perrénico, que contém duas moléculas de água coordenadas a um átomo de rénio, a vários hidratos sólidos, como o

C0CI26H20. A água é tipicamente um ligando monodentado; forma apenas uma ligação com o átomo central

Química orgânica

Como base dura, a água reage facilmente com carbocátions orgânicos, por exemplo, na reação de hidratação, na qual um grupo hidroxilo (OH⁻) e um protão ácido são adicionados aos dois átomos de carbono ligados entre si na ligação dupla carbono-carbono, dando origem a um álcool. Quando a adição de água a uma molécula orgânica a divide em duas, diz-se que ocorre hidrólise. Exemplos notáveis de hidrólise são a saponificação de gorduras e a digestão de proteínas e polissacáridos. (Banerjee, S. e Motwani, M.P. (1960))A água pode também ser um grupo de saída nas reacções de substituição S_N2 e de eliminação E2, sendo esta última conhecida como reação de desidratação.

Acidez na natureza

A água pura tem uma concentração de iões hidróxido (OH⁻) igual à dos iões hidrónio ($H3O^1$) ou hidrogénio (H^+), o que dá um pH de 7 a 298 K. Na prática, a água pura é muito difícil de produzir. A água deixada exposta ao ar durante algum tempo dissolverá o dióxido de carbono, formando uma solução diluída de ácido carbónico, com um pH limite de cerca de 5,7 (Venkateshwarlu, T.C. (1969)). À medida que as gotículas de nuvens se formam na atmosfera e à medida que as gotas de chuva caem no ar, são absorvidas pequenas quantidades de $CO2$, pelo que a maior parte da chuva é ligeiramente ácida. Se estiverem presentes no ar grandes quantidades de óxidos de azoto e de enxofre, estes também se dissolvem nas nuvens e nas gotas de chuva, produzindo chuva ácida.

A água nas reacções redox

A água contém hidrogénio no estado de oxidação +1 e oxigénio no estado de oxidação -2. Por isso, a água oxida produtos químicos com potencial de redução inferior ao potencial de HVH2, tais como hidretos, metais alcalinos e alcalino-terrosos (exceto o berílio), etc. Alguns outros metais reactivos, como o alumínio, também são oxidados pela água, mas os seus óxidos não são solúveis e a reação pára devido à passivação. Note-se, no entanto, que a oxidação do ferro é uma reação entre o ferro e o oxigénio dissolvido na água, e não entre o ferro e a água

$$2\,Na + 2\,H_2O \rightarrow 2\,NaOH + H_2$$

A água pode ser oxidada por si própria, emitindo gás oxigénio, mas muito poucos oxidantes reagem com a água, mesmo que o seu potencial de redução seja superior ao potencial de Oi/O^{2-}. Quase todas estas reacções requerem um catalisador

$$4\,AgF_2 + 2\,H_2O \rightarrow 4\,AgF + 4\,HF + O_2$$

Geoquímica

A ação da água sobre a rocha durante longos períodos de tempo conduz normalmente à meteorização e à erosão hídrica, processos físicos que convertem rochas sólidas e minerais em solo e sedimentos, mas em algumas condições ocorrem também reacções químicas com a água, resultando em metassomatismo ou hidratação mineral, um tipo de alteração química de uma rocha que produz minerais de argila na natureza e que também ocorre quando o cimento Portland endurece.

O gelo de água pode formar compostos de clatrato, conhecidos como hidratos de clatrato, com uma variedade de pequenas moléculas que podem ser incorporadas na sua espaçosa estrutura cristalina (Shrivastava, R.K.; Forgo, W.S.; Sai, V.S. e Mathur, K.C. (1988)). O mais notável destes compostos é o clatrato de metano, $4CH_4-23H_2O$, encontrado naturalmente em grandes quantidades no fundo do oceano

Transparência

A água é relativamente transparente à luz visível, à luz ultravioleta próxima e à luz vermelha distante, mas absorve a maior parte da luz ultravioleta, da luz infravermelha e das micro-ondas. A maioria dos fotorreceptores e dos pigmentos fotossintéticos utiliza a parte do espetro de luz que é bem transmitida através da água (Sastry, C.A.; Khare, G.K. e Rao, A.V. (1972)) Os fornos de micro-ondas tiram partido da opacidade da água à radiação de micro-ondas para aquecer a água no interior dos alimentos. O início muito fraco da absorção na extremidade vermelha do espetro visível confere à água a sua tonalidade azul intrínseca (ver Cor da água (Basu, A.K. (1966).)

Água pesada e isotopólogos

Existem vários isótopos de hidrogénio e de oxigénio, o que dá origem a vários isotopólogos conhecidos da água.

O hidrogénio ocorre naturalmente em três isótopos. O mais comum ($*H$), que representa mais de 99,98% do hidrogénio na água, consiste apenas num único protão no seu núcleo. Um segundo isótopo estável, o deutério (símbolo químico D ou^2H), tem um neutrão adicional. O óxido de deutério, D_2O, é também conhecido como água pesada devido à sua maior densidade. (Ganpati, S.V. e Chacko, P.I. (1951). É utilizado em reactores nucleares como moderador de neutrões. O terceiro isótopo, o trítio, tem 1 protão e 2 neutrões e é radioativo, decaindo com uma meia-vida de 4500 dias. O T_2O existe na natureza apenas em quantidades mínimas, sendo produzido principalmente através de reacções nucleares induzidas por raios cósmicos na atmosfera. A água com um átomo de deutério HDO ocorre naturalmente na água comum em baixas concentrações (-0,03%) e D_2O em quantidades muito menores (0,000003%).

As diferenças físicas mais notáveis entre H_2O e D_2O, para além da simples diferença de massa específica, envolvem propriedades que são afectadas pela ligação de hidrogénio, como a congelação e a ebulição, e outros efeitos cinéticos. A diferença nos pontos de ebulição permite que os isotopólogos sejam separados

O consumo de D2O puro isolado pode afetar os processos bioquímicos - a ingestão de grandes quantidades prejudica o funcionamento dos rins e do sistema nervoso central. O oxigénio também tem três isótopos estáveis, com[16] O presente em 99,76%,[17] O em 0,04% e[18] O em 0,2% das moléculas de água. A fórmula química da água, H2O, é amplamente reconhecida, mas infelizmente é uma espécie de simplificação, uma vez que a água tem várias propriedades que não podem ser explicadas por uma estrutura tão simples. A baixas temperaturas, a água comporta-se como se a sua fórmula molecular fosse H6O3 ou HgO4, unidas por pontes de hidrogénio. (Ambasht, R.S. e Tripathi, B.D. (1978)) À medida que a temperatura se aproxima da congelação, estas ligações estruturais tornam-se mais importantes do que a agitação, que favorece uma associação mais frouxa das moléculas. Esta interação das forças das duas moléculas resulta no efeito de o gelo ser menos denso do que a água e no facto de a densidade da água aumentar à medida que a temperatura sobe de 0°C para 4°C, diminuindo depois com novos aumentos de temperatura devido aos efeitos maiores da agitação térmica das moléculas de água a temperaturas mais elevadas. (Vasisht, H.S. e Sheikher, C. (1983),)Duas consequências deste efeito de densidade são o rebentamento de canos durante condições de congelamento e a satisfação térmica dos lagos. Neste último caso, o aquecimento sazonal de uma massa de água resulta na formação de uma barreira de densidade à mistura. Assim, em lagos profundos, um grande volume de água pode ficar praticamente estagnado e de má qualidade quando a temperatura do ar desce.

A água à superfície do lago arrefece e acaba por atingir uma densidade próxima da da camada inferior, o que faz com que a camada superficial estável acabe por se misturar com a camada inferior. Este fenómeno é geralmente provocado por uma mistura induzida pela mente e pode dar origem a graves problemas de qualidade da água. A água estagnada do fundo mistura-se com a água de boa qualidade da superfície.

Devido à sua estrutura molecular e às suas propriedades eléctricas de uma constante dieléctrica muito elevada e de uma baixa condutividade, a água é capaz de dissolver muitas substâncias, pelo que a química da água natural é muito complexa. (Zajic, J.E. (1971))A11 água natural contém quantidades variáveis de outros materiais em concentrações que vão desde vestígios mínimos ao nível de mg/1 de vestígios orgânicos na água da chuva. Até cerca de 35000mg/I na água do mar. As águas residuais contêm normalmente a maior parte dos constituintes dissolvidos da água de abastecimento da zona, com impurezas adicionais resultantes dos processos de produção de resíduos. Assim, o metabolismo humano liberta cerca de 6 g de cloreto por dia, pelo que, com um consumo de água de 150 g/pessoa, os esgotos domésticos diários conterão pelo menos mais 40 mg/I de cloreto do que a água de abastecimento da zona.

Um esgoto bruto típico contém cerca de lOOOmg/lt de sólidos em solução e suspensão e é cerca de 99,9% de água pura. A água do mar, com 35000 mg/lt de impurezas, está aparentemente muito mais contaminada do que as águas residuais brutas. Esta anomalia realça o facto de que uma simples medida do teor de sólidos de uma amostra é insuficiente para especificar o seu carácter. (Trivedy, PR e Gurdeep, Raj (1992))

QUADRO -1.1

CARACTERÍSTICAS IMPORTANTES PARA VÁRIAS AMOSTRAS DE ÁGUA

Characteristics	River water	Drinking water	Raw sewage	Effluent
pH	x	x	x	x
Temperature	x	x	x	
Colour	x	x		
Turbidity	x	x		
Test		x		
Total solid	x	x		
Settle able Solids			x	
Suspended Solids			x	x
Conductivity	x	x		
Radioactivity	x	x		
Alkalinity	x	x	x	x
Acidity	x	x	x	x
Hardness	x	x	x	x
D.O.	x	x		
D.O.D.	x	x	x	x
C.O.D.	x		x	x
Ammo. Nitrogen	x		x	x
Nitrite Nitrogen	x		x	x
Chloride	x	x		
Phosphate	x		x	x

x- A cruz indica a presença de caraterísticas da água.

A perspetiva de nadar na água do mar é bastante mais atractiva do que a mesma atividade em águas residuais brutas. Assim, para se obter uma verdadeira compreensão da natureza de uma determinada amostra, é normalmente necessário medir várias propriedades através da realização de análises sob as designações gerais de caraterísticas físico-químicas e biológicas. O custo do trabalho analítico pode ser considerável, pelo que todas as caraterísticas devem ser investigadas para uma determinada amostra. O quadro (1.1) apresenta um exemplo das propriedades mais susceptíveis de serem utilizadas para vários tipos de amostras e as propriedades mais importantes são discutidas nas secções seguintes.

1.2.1 CARACTERÍSTICAS FÍSICAS -

As propriedades físicas são, em muitos casos, relativamente fáceis de medir e algumas podem ser facilmente observáveis pelo leigo.

(1)   Temperatura -

Basicamente importante pelo seu efeito noutras propriedades, por exemplo, aceleração da reação química, redução da solubilidade dos gases, amplificação de sabores e odores, etc.

(2)   Sabor e odor -

Devido às impurezas dissolvidas, frequentemente de natureza orgânica, por exemplo, fenóis e cloro-fenóis, o sabor e o odor são propriedades subjectivas difíceis de medir.

(3)   Cor -

Mesmo a água pura não é incolor, mas tem uma tonalidade verde-azulada pálida em grandes volumes. É necessário distinguir entre a cor verdadeira devida ao material em solução e a cor aparente devida à matéria em suspensão. A cor amarela na água das bacias hidrográficas de montanha deve-se a ácidos orgânicos que não são de todo prejudiciais, sendo semelhantes ao ácido tânico do chá. (Tackray, J.E. (1992).) No entanto, muitos consumidores opõem-se a uma água muito colorida por razões estéticas e as águas coloridas podem ser inaceitáveis para certas utilizações industriais, por exemplo, a produção de papel de arte de alta qualidade.

(4)   Turbidez -

A presença de sólidos coloidais confere aos líquidos um aspeto turvo que é esteticamente pouco atrativo e pode ser prejudicial. (White, J.B. (1986).) A turvação da água pode ser devida a partículas de argila e de lodo, a descargas de esgotos ou de resíduos industriais ou à presença de um grande número de microrganismos.

(5)   Sólido-

Podem estar presentes em suspensão e/ou em solução e podem ser divididos em matéria orgânica e matéria inorgânica. (Powell, S.T. (1976))Os sólidos totais dissolvidos (TDS) são devidos a materiais solúveis, enquanto os sólidos em suspensão (SS) são partículas discretas que podem ser medidas filtrando uma amostra através de um papel fino. Os sólidos sedimentáveis são os que são removidos num procedimento normalizado de ajuste utilizando um cilindro de 1 litro. São determinados a partir da diferença entre os SS na super natureza e os SS originais na amostra.

(6)   Condutividade eléctrica -

A condutividade de uma solução depende da qualidade dos sais dissolvidos presentes e, para soluções diluídas, é aproximadamente proporcional ao teor de TDS.

(7)   **Radioatividade -**

As medições das actividades brutas *β* e *a* são controlos de qualidade de rotina. O rádon de ocorrência natural (um emissor *de a*) pode constituir um possível perigo a longo prazo para a saúde em algumas águas subterrâneas.

Todas as fontes públicas de abastecimento de água devem cumprir a norma relativa à água potável estabelecida pela agência de proteção ambiental em 1974, tal como indicado a seguir:-

QUADRO -1.2

CARACTERÍSTICAS FÍSICAS

(EM MILIGRAMAS POR LITRO)

Limite de aprovação

Turbidity	**1 unit**
Colour	**15 unit**
Odour	**3 Threshold Odour number**

Fonte : Lei Pública do Congresso dos EUA, 93-523 (1974)

1.2.2 CARACTERÍSTICAS QUÍMICAS -

As caraterísticas químicas tendem a ser de natureza mais específica do que alguns dos parâmetros físicos, sendo assim mais imediatamente úteis na avaliação das propriedades de uma amostra. É útil, nesta altura, estabelecer algumas definições químicas básicas.

(1)   **Peso atómico -**

Peso (massa) de um átomo de um elemento referido a um padrão baseado nos isótopos de carbono C^{12} também "massa atómica relativa"

(2)   **Peso molecular -**

Peso atómico total de todos os átomos da molécula.

(3)   **Solução Molar -**

Solução que contém o peso molecular em grama (Mole) da substância em 1 litro, assinalado por M.

(4)   **Valência -**

Propriedade de um elemento medida pelo número de átomos de hidrogénio que um átomo do elemento pode conter em combinação ou deslocar/)[65]

(5)   **Peso Equivalente -**

A qualidade de uma substância que reage com uma determinada quantidade de um padrão.

27

(6)   Solução normal -

Solução que contém o equivalente-grama da substância em 1 litro, designado por N

(7)   pH-

A intensidade da acidez ou da alcalinidade de uma amostra é medida na escala de pH que, na realidade, indica a concentração de iões de hidrogénio presentes.

Uma vez que apenas cerca de 10-7 concentrações molares de H^+ e OH^- estão presentes no equilíbrio, [H2O] pode ser tomado como unidade. (Esrey, S.A.; Patash, J.B.; Roberts, L. e Shiff, C. (1991) Resultando numa escala de 0 a 14 com 7 como neutralidade. Abaixo de 7 é ácido e acima de 7 é alcalino, as reacções químicas são controladas pelo pH e a atividade biológica é utilmente limitada a um intervalo de pH bastante estreito de 5,8. Águas muito ácidas ou muito alcalinas são indesejáveis devido a problemas de corrosão e a possíveis dificuldades de tratamento.

(8)   Alcalinidade -

Devido à presença de bicarbonato HCO_3 ", carbonato CO_3^2 ' ou hidróxido OH", a maior parte da alcalinidade natural da água deve-se ao HCO_3 " produzido pela ação das águas subterrâneas sobre o calcário ou o giz.

(9)   Acidez -

O ácido carbónico H2CO3 não é totalmente neutralizado à unidade de pH 8,2 e não deprime o pH abaixo de 4,5, pelo que a acidez do CO2 se situa no intervalo de pH 8,2 a 4,5; a acidez mineral ocorre abaixo de pH 4,5; a acidez é expressa em termos de CaCCh

(10)   Dureza -

Esta é a propriedade de uma água que impede a formação de lixívia com sabão e produz incrustações no sistema de água quente. Deve-se principalmente aos iões Ca^{2+} e Mg^2 *, embora o Fe^{2+} e o Sr^2 * também sejam responsáveis Os metais também são responsáveis Os metais estão normalmente associados a HCCh', $SO4^2$ ', Cl- e NO3". A dureza pode realmente ter um benefício para a saúde, mas as desvantagens económicas da água dura incluem um maior consumo de sabão e custos de combustível mais elevados. (Bowess, H.J.M. (1979))A dureza é expressa em termos de CaCCh e divide-se em duas formas. Dureza carbonatada devida a metais associados a dois HCCh' dureza não carbonatada devida a $SO4^2$ ',Cr, NCh". A dureza não carbonatada obtém-se subtraindo a alcalinidade à dureza total.

Se estiver presente uma concentração elevada de sais de sódio e potássio, o valor da dureza carbonatada pode ser negativo.

(11)   Oxigénio dissolvido (DO) -

O oxigénio é um elemento muito importante no controlo da qualidade da água. A sua presença é essencial para manter as formas superiôres de vida biológica e o efeito de uma descarga de resíduos num rio é largamente determinado pelo equilíbrio de oxigénio do sistema. Infelizmente, o oxigénio é apenas ligeiramente solúvel na água, como indicado abaixo para água sem teor de cloreto e a uma pressão barométrica padrão de 1 átomo. [760 mm Hg ou 1,013 bar]

Temperature (°C)	0	10	20	30
DO (mg/l)	14.6	11.3	9.1	7.6

Esta solubilidade é afetada pela presença de cloreto, que reduz a concentração de oxigénio dissolvido na saturação em cerca de 0,015 mg/I por 100 mg/I de cloreto a baixa temperatura (20-30°C).

Deve ser feita uma correção da pressão barométrica que é diretamente proporcional à razão entre a pressão real e a pressão normal de 760 mm Hg. A queda da pressão barométrica acima do nível do mar é de aproximadamente 80 mm Hg por 1000 mg de elevação.

As águas de superfície limpas estão normalmente saturadas de oxigénio dissolvido. Mas esse OD pode ser rapidamente removido pela necessidade de oxigénio dos resíduos orgânicos. Os peixes de caça necessitam de, pelo menos, 5 mg/I de OD e os peixes grosseiros não conseguem viver abaixo de cerca de 2 mg/I de OD. (Rhoades. J. (1997).) As águas saturadas de oxigénio têm um sabor agradável e as águas com falta de OD têm um sabor insípido. Para a água de alimentação das caldeiras, o OD é indesejável porque a sua presença aumenta o risco de corrosão.

(12) Carência de oxigénio -

Os compostos orgânicos são geralmente instáveis e podem ser oxidados biológica ou quimicamente para se tornarem estáveis. Produtos finais relativamente inertes, tais como CO_2, NO_3, H_2O. Uma indicação do conteúdo orgânico pode ser obtida através da medição da quantidade de oxigénio necessária para a sua estabilização.

(1) Carência biológica de oxigénio (CBO) -

Medida do oxigénio requerido pelos microrganismos durante a decomposição da matéria orgânica.

(2) Carência química de oxigénio (CQO) -

Oxidação química com dicromato de potássio em ebulição e ácido sulfúrico concentrado. Os resultados obtidos mostram geralmente que a CQO > CBO é maior e que a magnitude da relação CBO/CQO aumenta à medida que a oxidação biológica avança.

(13) Nitrogénio -

Trata-se de um elemento importante, uma vez que as reacções biológicas só podem ocorrer na presença de azoto suficiente. O azoto existe em quatro formas principais no ciclo da água.

(1) Azoto orgânico -

Forma azotada das proteínas, dos aminoácidos e da ureia.

(2) Amoníaco (NH3) Azoto -

Como sais de amónio (NH4)2 CO3 ou amoníaco livre.

(3)   Nitrito (NO2) azoto -

Uma fase de oxidação intermédia que não está normalmente presente em grandes quantidades.

(4)   Nitrato (NO3) azoto -

Finalmente, produto de oxidação do azoto. A oxidação do composto azotado, denominada nitrificação, processa-se da seguinte forma

Azoto orgânico + O2→ Azoto amoniacal +O2

NO2 azoto + O2 →NO3 azoto

A redução do azoto, denominada desnitrificação, pode inverter o processo.

$$NO_3^- \rightarrow NO_2^- \rightarrow \begin{cases} NH_3 \\ N_2 \end{cases}$$

Uma água que contenha níveis elevados de azoto orgânico e amoniacal com pouco azoto nitrito e nitrito seria considerada insegura devido a uma poluição recente.

(14)   Cloretos -

Os cloretos são sais de ácido clorídrico ou de metais combinados diretamente com o cloro. São responsáveis pelo sabor salobro da água e são um indicador da poluição das águas residuais devido ao teor de cloreto da urina. (Hall. T. e Hyde. R.A. (1992)) O limiar para o gosto a cloreto é de 250-500 mg/I, embora até 1500 mg/I não seja suscetível de ser prejudicial para os consumidores saudáveis que estão habituados a essa concentração.

(15)   Vestígios orgânicos -

Foram detectados mais de 600 compostos orgânicos em fontes de água bruta e a maioria deles deve-se à atividade humana ou a operações industriais.

Quando se trata de águas residuais industriais ou dos seus efeitos nos cursos de água e na vida aquática, muitas outras caraterísticas químicas especializadas são importantes, incluindo metais pesados, cianetos, óleos e gorduras.

1.2.3 CARACTERÍSTICAS BIOLÓGICAS -

Os organismos vivos desempenham papéis importantes em muitos aspectos do controlo da qualidade da água, pelo que a avaliação das caraterísticas biológicas de uma água é frequentemente de grande importância.

Devido a esta importância, o tema das águas

A microbiologia e a ecologia são aqui abordadas. (Basta referir que a análise bacteriológica da água para consumo humano constitui normalmente a avaliação de qualidade mais sensível. As águas residuais brutas contêm milhões de bactérias por mililitro e muitas águas residuais orgânicas têm grandes populações de bactérias, mas os valores reais raramente são determinados.

1.2.4 CARACTERÍSTICAS TÍPICAS -

Dado que as águas e as águas residuais podem apresentar caraterísticas muito diversas, não é desejável fornecer especificações para amostras ditas "normais". No entanto, talvez seja útil dar alguns exemplos de qualidades típicas de águas e águas residuais.

QUADRO -1.3

CARACTERÍSTICAS TÍPICAS DE VÁRIAS FONTES DE ÁGUA

Characteristics	Source		
	Upland catchment	Low land river	Chalk aquifier
pH	6.0	7.5	7.2
Total solid (mg/l)	50	400	300
Conductivity (μs/cm)	45	700	600
Chloride (mg/l)	10	50	25
Alkalinity Total (mg/l HCO_3)	20	175	110
Hardness Total (mg/l Ca)	10	200	200
Colour	70	40	45
Turbidity	5	50	05
Ammonia nitrogen (mg/l)	0.05	0.5	0.05
Nitrate nitrogen	0.1	2.0	0.5
DO	100	75	2
BOD	2	4	2

Fonte: Norma da Comunidade Europeia para águas superficiais utilizadas como água bruta para consumo humano.

Parâmetros identificados pela W.H.O. como susceptíveis de causar queixas dos consumidores, embora não estejam especificamente relacionados com a saúde. Nas diretrizes da OMS, o termo "nível de ação" é utilizado para indicar um nível acima do qual a razão para a presença da substância deve ser investigada e devem ser aplicadas medidas corretivas, conforme adequado.

QUADRO -1.4

QUALIDADE DAS ÁGUAS SUPERFICIAIS PARA CONSUMO HUMANO

Treatment type	A1		A2		A3	
Parameter	GL	MAC	GL	MAC	GL	MAC
pH unit	6.5	8.5	5.5	9.0	5.5	9.0
Colour unit	10	20	50	100	50	200
SS	25					
Teperature (°C)	22	25	22	25	22	25
Conductivity (μ s/cm)	1000		1000		1000	
Odour (lon)	3		10		20	
Fluoride	.7-1.0	1.5	0.7	1.7	0.7	1.7
Iron	.1	.3	1.0	2.0	1.0	
Mn	0.05		0.1		1.0	
Zn	0.5	3.0	1.0	5.0	1.0	5.0
Boron	1.0		1.0		1.0	

Treatment type	A1		A2		A3	
Parameter	GL	MAC	GL	MAC	GL	MAC
Arsenic	.01	.05	.05	.05	.05	.1
Cadmium	.001	.005	.001	.005		.05
Chromium (Total)		.05		.05		.05
Lead		.05		.05		.05
Selenium	.01		.01		.01	
Mercury	.0005	.001	.0005	.001	.0005	.001
Barium	.1		.1		.1	
Cyanids	150	250	150	250	.05	

Parameter						
Sulphate	200		200		150	250
Chloride	.4		.7		200	
Phosphate (P_2O_5)		.001	.001	.005	.7	
Phenol		.001		.0025	.01	.1
Pesticides						.005
COD					30	
BOD (ATU)	<3		<5		<7	
DO (%Soln.)	>70		>50		>50	
Ammonium (NH_4)	.05		1	1.5	2	4

A1 - Tratamento físico simples e desinfeção.

A2 - Tratamento físico e químico completo normal com desinfeção.

A3 - Tratamento físico e químico intensivo com desinfeção.

A conformidade com o MAC está ao nível do percentil, sendo que o percentil 5 sem queixas não excede 150% do nível do MAC.

GL - Nível de Guia

MAC - Concentração máxima admissível

ATU - Alil tio URA

MBAS - Substância ativa azul de metileno

TON - Número Limiar de Odor

TABELA -
DIRECTRIZES DA OMS PARA A QUALIDADE DA ÁGUA POTÁVEL (1993)

Parameter	Guide level (Mg/I unless shown)	Note
INORGANICS		
Antimony	0.005	
Arsenic	0.07	
Barium	0.7	
Boron	0.3	
Cadmium	0.003	

Chromium	0.05	
Copper	2	
Cyanide	0.07	
Fluoride	1.5	
Lead	0.01	

Parameter	Guide level (Mg/I) unless shown)	Note
Mangnese	0.5	
Mercury	0.001	
Molybdenum	0.01	
Nickel	0.02	
Nitrate	50	
Nitrite	3	
Selenium	0.01	
ORGANIC		
Carbon tetra chloride	0.002	
Dichloro methane	0.020	
Bengene	0.010	
Toluene	0.700	
Acytamide	0.0005	
PESTICIDES		
Atragine	0.002	
DDT	0.002	
2,4-D	0.030	
Hepta chlor	0.030	
Permethrin	0.020	

Meco prop	0.010	

Fonte: Ministério do Ambiente (1989). The water supply (water quality) Regulations 1989 HMSO.

1.3 FACTORES QUE AFECTAM A PUREZA DA ÁGUA

É importante ter em conta que as águas naturais contêm uma variedade de contaminantes resultantes da erosão, do ensino e do processo de meteorização. A esta contaminação natural juntam-se os resíduos domésticos e industriais que podem ser eliminados de várias formas, por exemplo, no mar, em terra, em estratos subterrâneos ou, mais frequentemente, em águas de superfície.

Qualquer massa de água é capaz de assimilar uma certa quantidade de poluição sem efeitos graves, devido aos factores de diluição e de autopurificação que estão presentes; se ocorrer poluição adicional, a natureza da água recetora será alterada e a sua aptidão para vários usos poderá ser prejudicada. (A compreensão dos efeitos da poluição e das medidas de controlo disponíveis é, portanto, de importância considerável para a gestão eficiente dos recursos hídricos.

TIPOS DE POLUENTES -

Os contaminantes comportam-se de formas diferentes quando adicionados à água. Os materiais não conservantes, incluindo a maioria dos orgânicos. Algumas substâncias inorgânicas e muitos microrganismos são degradados por processos naturais de autodepuração, reduzindo as suas concentrações com o tempo. A taxa de degradação destes materiais é função do poluente em causa, da qualidade da água recetora, da temperatura e de outros factores ambientais. Muitas substâncias inorgânicas não são afectadas por processos naturais, pelo que estes poluentes conservadores só podem ter as suas concentrações reduzidas por diluição. (Tripathi, B.D.; Sikandar, M. e Shukla, S.C. (1991), os poluentes conservadores não são frequentemente afectados pelos processos normais de tratamento da água e das águas residuais. Assim, a sua presença numa determinada fonte de água pode limitar a sua utilização.

Para além da classificação em caraterísticas de conservação ou não conservação, são importantes os seguintes constituintes dos poluentes.

(1)	Compostos tóxicos que resultam na inibição ou destruição da atividade biológica na água. A maior parte deste material provém de descargas industriais e inclui metais pesados provenientes de operações de acabamento e revestimento de metais. (Sundarajan, K.S.; Rathinavel.S. e Rajendran, S. (1993).) A maioria dos repelentes provenientes do fabrico de têxteis e pesticidas, etc. Algumas espécies podem libertar toxinas potentes e foram registados casos em que o gado morreu ao beber água contendo toxinas de algas.

(2)	Tudo o que possa afetar o equilíbrio de oxigénio da água, incluindo.

(a)	Substâncias que consomem oxigénio. Podem ser materiais orgânicos bioquimicamente oxidados ou agentes redutores inorgânicos.

(b)   Substâncias que impedem a transferência de oxigénio através. A interface ar-água, os óleos e os detergentes podem formar películas protectoras na interface que reduzem a taxa de transferência de oxigénio e podem assim amplificar os efeitos das substâncias que consomem oxigénio.

(c)   Poluição térmica, que pode perturbar o equilíbrio do oxigénio, uma vez que a concentração saturada de DO diminui com o aumento da temperatura.

(3)   Os sólidos inertes suspensos ou dissolvidos em concentrações elevadas podem causar problemas, por exemplo, as lavagens de argila da China podem cobrir o leito de um curso de água, impedindo o crescimento de alimentos para peixes e removendo os peixes das proximidades de forma tão eficaz como um veneno direto. A descarga de águas de drenagem salina de minas torna um rio impróprio para o abastecimento de água.

É obviamente importante poder avaliar o efeito de uma determinada descarga pendente numa água recetora em termos quantitativos e um primeiro passo é utilizar uma abordagem de balanço de massas. A figura mostra um fiver que recebe uma descarga poluente e é possível determinar a concentração a jusante do poluente, assumindo uma mistura instantânea com conservação de massa.

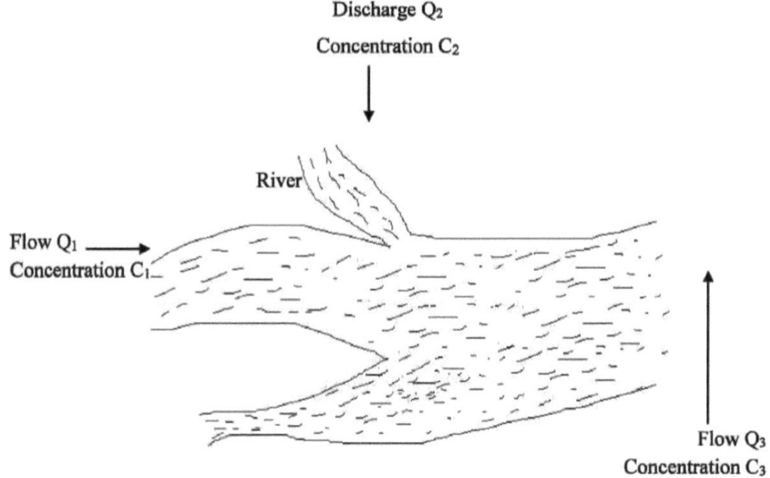

As impurezas da água podem ser classificadas da seguinte forma

(1)   **Impurezas físicas -**

Indicar o sabor, o odor e a turvação. O gosto e o odor podem ser provocados pela presença de matérias orgânicas dissolvidas durante a passagem pelo solo ou por resíduos industriais ou devido a microrganismos como o crescimento de algas. (Siva Kumar, A.A.; Lekshmanswamy, M. e Juliet, R.G. (1990)) A turvação é causada pela matéria suspensa (argila, fendas, folhas em decomposição, animais mortos, pêlos, insectos, fungos, etc.) e coloidal, enquanto a cor pode ser devida à presença de compostos mineralógicos como o óxido de ferro, etc.

(2)   **Impurezas bacteriológicas -**

As impurezas bacteriológicas são causadas pela presença na água de bactérias produtoras de doenças que tornam a água perigosa para o consumo humano e para a saúde. Do ponto de vista da saúde pública, estas impurezas são muito importantes. (Singh. T.N. e Singh. S.N. (1995).)As bactérias patogénicas são geralmente inerentes ao grupo de bactérias coliformes, entre as quais se destaca o Bacillus coli denominado E-Coli. As bactérias E-Coli habitam no trato intestinal dos animais de sangue quente e dos seres humanos e aparecem em grande número nas suas descargas focais de densidade e também nos esgotos brutos. Elas próprias não são nocivas, mas a sua presença serve para indicar a possível existência na água de bactérias patogénicas, como o bacilo tifoide, etc., que podem ser a causa da poluição da água.

(3)   **Impurezas químicas -**

    (1)   Gases dissolvidos como o dióxido de carbono, o sulfureto de hidrogénio, o oxigénio, o dióxido de enxofre, etc.

    (2)   Minerais dissolvidos como carbonatos, bicarbonatos, cloretos e sulfatos de cálcio, sódio, magnésio, ferro e potássio do ponto de vista de um engenheiro. Os sais dissolvidos de cálcio e magnésio têm um interesse especial porque causam alguns dos problemas comuns de geração de vapor.

CAPÍTULO 2

REVISÃO DA LITERATURA

A água é uma substância espantosa, uma simples mistura de dois elementos fundamentais que se encontram espalhados por toda a galáxia. Recentemente, o mundo ficou hipnotizado com a procura de água em Marte por máquinas inteligentes, porque entendemos que a presença de água pode significar a presença de vida. Herói no nosso próprio planeta, a água significa mais do que simples química. Está imbuída de cultura, política, ambiente e também tem importância religiosa. Se compreendermos estas cidades complexas, há esperança de podermos avançar para a resolução dos problemas relacionados com a água.

Até à data, o mundo da água nunca prestou a devida atenção à questão vital da água. A água é muitas vezes um recurso oculto, não é suficientemente monitorizado, não é suficientemente regulamentado e é muitas vezes objeto de bombagem e utilização excessivas. Vários cientistas da água tentaram abordar várias questões relacionadas com o solo.

Neste capítulo, é apresentada uma breve revisão desses trabalhos.

Pandey at al. - Estudou as caraterísticas físico-químicas dos sedimentos do rio Ganga em Kanpur, Índia. Os resultados indicam que a "descarga de poluição no rio Ganges afecta as propriedades físico-químicas dos sedimentos.

Patel & Tiwari - Relataram uma investigação preliminar sobre a qualidade físico-química da água central de poços escavados nas aldeias do complexo industrial de Rourkela, não tendo sido detectada a ausência de cobre, arsénio, cianeto e sulfureto em todas as amostras.

Kaushik et al. - Observam que a maioria dos poços escavados na zona rural de Deli e Califirm M.P.M. é superior a 1100, enquanto que nalguns poços o enter co-ocorre também acima de 1100/100 ml.

Aboo K.M. et. al. - Estudou as águas de poços na cidade de Bhopal e encontrou bactérias coliformes e E. coli inferiores a 20 NMP/100 ml em 4% dos poços estudados. A temperatura da água do poço variou de 21^C a 29^C, a turvação de 8 a 16, de 6,8 a 8,0 e o oxigénio dissolvido de 3,0 a 8,4 A alcalinidade registada foi de 54,0 mg/lit a 776,0mg/lit. A dureza total, a dureza cálcica e a dureza magnésica variaram entre 32 mg/lit. 4mg/litro e 632 mg/litro, respetivamente. O cloreto variou entre 11,7 mg/lit e 850 mg/lit. O sulfato variou entre 0,2 e 65,6 mg/lit. O flúor variou entre 0,02 e 0,85 mg/lit. e o ferro variou entre 0,02 e 1,5 mg/lit. Foi encontrada uma variação sazonal definida no número de coliformes e enterococos presentes na água do poço estudado, indicando um menor número de inverno. Um estudo efectuado por Bhakuni et. al. sobre a qualidade da água subterrânea das zonas semi-áridas do Rajastão mostrou que a água é salina com uma concentração elevada de fluoreto e nitrato, o que a torna imprópria para beber.

Gandhi M. e Khapkar S.M. - Analisaram a qualidade da água potável de vários lagos em Bombaim.

O nível de fluoreto em diferentes amostras é inferior à norma especificada pela OMS.

Handa et al. - registaram níveis de nitratos inferiores a 1,0 mg/1. em várias partes da Índia, indicando que a contribuição das águas pluviais não é significativa em relação ao nível interessante de nitratos nas águas subterrâneas.

Sahu, et. al. - Analisou a amostra de água recolhida de 3 em 3 horas, durante 24 horas, em 8 estações do rio Ganges durante o inverno, relativamente a vários parâmetros físico-químicos - temperatura da água, CO2 livre, oxigénio dissolvido - e mostrou um padrão seletivo de variação da condutividade e dos sólidos totais dissolvidos, que foram perturbados por vários factores.

Agrawal S.G. et. al. - estudaram os efeitos da chuva ácida e dos nevoeiros nas amostras de águas superficiais recolhidas em Baikunthpur e Korba, que se revelaram de natureza ácida. O valor do PH era sempre de cerca de 5,8. Bohra referiu que a elevada concentração de oxigénio dissolvido durante as primeiras horas da manhã se deve à baixa temperatura que aumenta a capacidade de dissolução do oxigénio da água.

Joshi et. al. - Estudou a variação das caraterísticas físico-químicas da água dos riachos da bacia hidrográfica de Gomti na região de Kumaon Himalaya. A água estudada foi considerada imprópria para beber, cozinhar, tomar banho e lavar-se sem tratamento.

Nayak et al. - Recolheram amostras de água de dez estações selecionadas para análise da liga de metais pesados com a salinidade, o PH e os sólidos em suspensão da água. A água contém uma concentração elevada de metais dissolvidos e de partículas devido à carga eficiente das actividades mineiras e industriais a montante.

Collins. - Enquanto trabalhava na temperatura da água disponível para uso industrial nos Estados Unidos, relatou que a temperatura da água subterrânea que ocorre a uma profundidade de 10 a 20 metros é sempre mais elevada em 1® a 2® do que a temperatura anual do ar local.

Young Et. Al. Analisando os dados físico-químicos e biológicos mensais de amostras de água recolhidas em 18 estações de monitorização marinha em Victoria Harber e na sua vizinhança em Hong Kong de 1988 a 1996, os resultados mostram que Victoria Harber e a sua vizinhança imediata apresentam níveis elevados de nitrato total, azoto, CBO e clorofila.

Ganapathi - Estudou vários parâmetros químicos e biológicos relacionados com a água líquida de lagos na cidade moderna. Registou valores anormais de CBO, CO D e também de D.O. Encontrou também dureza excessiva de cálcio e magnésio na referida água.

Chacko e Ganapathi. - Estudou as condições hidrobiológicas do rio Adzar e verificou que o PH variava entre 8 e 8,6 e o oxigénio dissolvido entre nulo e 6,02 ppm, tendo sido registados cloretos entre 40 e 280 mg/litro, enquanto não se verificou a presença de nitratos.

Danielsen e Guardar. - Estudaram a presença de teores de flúor na água potável e nos alimentos no oeste da Noruega. Encontraram cloreto na água em qualidade superior aos limites permitidos.

Desmukh et.al. - Estudou as fontes de água de cates parcialmente às necessidades de água potável da cidade de Nagpur afecta o processo completo de purificação. A turbidez e o pH médios da água filtrada registados foram de 4,5 NTU e 7,75, respetivamente. O valor médio de dureza registado foi de 125 PPM tanto na água filtrada como na água tratada. O valor mínimo registado de DO foi de 6,3 PPM, indicando que não há poluição significativa.

Anos B - Estudou vários parâmetros de qualidade da água de uma lagoa de água doce na Nova Zelândia e verificou que se encontravam dentro dos limites permitidos.

Majappa, S. et. al. - Investigaram a qualidade da água subterrânea fornecida em Devangre tauluk situado na parte central de Kamakataka no que diz respeito ao PH, sólidos dissolvidos, cloretos foram encontrados no limite seguro como prescrito pelo BIS para mais de 95% das amostras de 6% de diferentes amostras analisadas selecionadas de diferentes áreas de Devanagare taluka 26% das amostras foram encontradas para conter fluoretos inferiores a 0.50 ppm e 11,5% das amostras continham mais de 1,5% das amostras continham mais de 1,5 ppm de fluoretos. Além disso, durante o estudo, verificou-se também que 16,00% das amostras de poços analisadas continham mais de 100,00 ppm de nitratos, sendo que os valores de fluoretos e nitratos observados em diferentes amostras se situavam entre 19 e 2,06 ppm e 0,08 e 3,08 ppm, respetivamente.

Shrivastava. - Vis estudou as caraterísticas físico-químicas das águas do rio Jharali em Nandurbar. As concentrações de sulfato, fosfato, carência química de oxigénio, sódio e cálcio eram superiores aos limites de tolerância. Não se registaram alterações sazonais significativas nas propriedades físico-químicas.

Bhuvan et.al - Estudou a qualidade da água de vários tanques antigos situados no distrito de Sibsagar, em Assam, para aumentar a produção de peixe. Anteriormente, a água destes tanques era utilizada para beber em todos os 20 tanques, tendo estudado a qualidade da água: encontrou a água e o PH variando entre 6,3 e 6,9, a alcalinidade do bicarbonato variando entre 7,0 e 32mg/litro, o fósforo e o azoto variando entre 0,01 e 0,04 mg/litro e 0,3 e 0,20 mg/litro, respetivamente. Todos os tanques apresentaram uma elevada concentração de oxigénio dissolvido, com o CO_2 livre a variar entre 0,33 e 704 mg/litro. Em geral, as graças com valores elevados de consumo de oxigénio tiveram comparativamente baixos.

Kumaran et.Al - relataram casos de fluorose endémica em certas partes do Rajastão, depois de um inquérito a algumas aldeias, descobriram que a concentração de fluoreto solúvel da água potável no distrito de Nagpur do Rajastão era de 17,8 ppm. Verificou-se que a origem da água fluoretada provinha de rochas ígneas que se estendem entre Deli e o leste de Gujrat. Outros parâmetros, por exemplo, o pH variou de 7,5 a 9,5, a dureza do Ca de 50 a 148 ppm. Cloretos de 460 a 600 mg/litro, nitratos de 0 a 248 mg/litro e sulfatos de 250 a 600 mg/litro.

Kouimtzis T. et. al. - Descreve-se um estudo de dois anos sobre as caraterísticas da qualidade da água do rio Aliakmon, no norte da Grécia. Foram determinados os nutrientes físico-químicos e os principais compostos iónicos e os seus níveis de conservação foram relacionados com as caraterísticas do caudal do rio e com a influência das actividades urbanas, agrícolas e industriais.

Carb Tree - Estudou 242 poços privados na área agrícola do centro de Wisconsin e descobriu que 55% deles tinham teores de conitrato de 45 mg/litro ou mais. Ultrapassando o limite superior de segurança prescrito pelos serviços de saúde pública dos EUA e que, os teores de nitrato aumentavam durante a estação das chuvas e diminuíam durante a estação seca.

Lokhande R.S. e Kelkar N. - Relataram a qualidade físico-química da água da ribeira de Vasi. Devido às indústrias químicas, ao derrame de óleos e gorduras dos navios e às águas residuais públicas, a margem da ribeira de Vasi está poluída e, na maré alta, é inundada pelas ondas.

Crawford - Verificou-se que as doenças coronárias são mais frequentes em residentes de zonas com água macia. Este facto foi confirmado por Gopal e Bhargava. Observaram que a população local da zona desértica do Rajastão consumia água com uma concentração de 2000 a 3000 mg/litro. T.D.S. para a geração sem quaisquer efeitos deteriorativos.

Topalian M.C. et.Al - descreveu a qualidade das águas superficiais do rio reconguista da Argentina através de 16 variáveis físico-químicas rio reconguista da Argentina através de 16 variáveis físico-químicas medidas mensalmente durante 1994. A análise unvariada e multivariada dos dados mostrou uma clara diferença nos valores de amónia, PH, dureza, cloretos, phrols, BOD, COD e DO entre as diferentes estações de amostragem.

Jacks - Estudou os parâmetros físico-químicos das águas subterrâneas num distrito do sul da Índia e encontrou uma condutividade específica que variava entre 0,00 e 2000 mohs/cm. Observou uma concentração de cloretos entre 0,38 e 40,3 mg/litro. Sulfato entre 0,3 e 20,3 mg/litro, enquanto a concentração de vibrato apresentava um mínimo de 0,19 mg/litro.

Golovina V.v.et.al. - Estudou as propriedades físico-químicas da água recolhida do rio Beresha antes e depois do desenvolvimento do centro industrial de Shary Borsk. Verificou-se o papel do aumento dos poluentes da água do rio, sulfatos, minerais biogénicos, etc.

Thergaonkar et.al - **estudaram** os parâmetros de qualidade da água e avaliaram a influência da qualidade da água na incidência de fluorose e na água potável do distrito de Jhujhuna do Rajastão. Observaram que a incidência de fluorose é provavelmente reduzida pelo cálcio para além de 30 mg/litro e que a gravidade das manchas nos dentes está relacionada com os bicarbonatos na água, para além das concentrações de fluoreto. Encontraram PH variando de 7,8 a 8,8. Dureza total de 51 a 581 mg/lit. e fluoretos de 4 a 340 mg/lit. Cloreto de 72 a 728 mg/lit, e fluoretos de 0,3 a 2,7 mg/lit.

Voutsad et. al. - Realizaram um estudo de dois anos com o objetivo de determinar a qualidade das águas superficiais no principal sistema fluvial da Macaronésia. Na Grécia, o estudo apresenta os parâmetros físico-químicos (PH, condutividade, sólidos suspensos totais, temperatura e DO). Os parâmetros de poluição orgânica, CBO, CQO e as principais espécies de N e P.

Katayama Takeshi et. al. - Estudaram a poluição da água da Baía de Kojima de Kayama, Japão. Efectuaram estudos químicos e microbianos da água da Baía de Kojima. Observaram que a baía tem sido progressivamente poluída com compostos orgânicos e azoto.

Wilcock R.J. e Nagels J.W. - Estudaram os efeitos das micrófitas aquáticas no estado físico-químico de um riacho contrastante de terras baixas. Os três riachos em pastagens desenvolvidas. As três bacias hidrográficas com diferentes tentensidades de cultivo apresentaram variações divais contrastantes de temperatura, pH e OD no verão.

Yasu Joltu et. al. - Estudaram os parâmetros químicos do rio Khushiro, Japão. Efectuaram análises de PH, DO, COD, BOD, sólidos suspensos na amostra para a estação de elevação. Os valores encontrados estão dentro dos limites permitidos.

Khalif et.al. - Estudaram os parâmetros físico-químicos de cinco temporários na nova floresta de Hampshire. Observaram que a condutividade variava com a mudança de volume, enquanto o PH variava entre a noite e o dia. O OD variou de 1,5 a 16 ppm com as mudanças de temperatura, precipitação e vento.

Bohra. - Relatou que a concentração elevada de oxigénio dissolvido durante as primeiras horas da manhã se deve à temperatura da lei, que aumenta a capacidade de dissolução do oxigénio na água.

Vass et. al. - Estudou as condições hidrobiológicas do rio Jhelum e verificou que a variação anual da temperatura da água foi de 20 C. O PH variou de 7 a 7,6, enquanto o DO variou de 5,8 a 14,3 mg/litro e o cloreto de 6,0 a 16,00 ppm em diferentes estações.

Aswad et. al. - Analisaram a água potável da cidade de Sulai Maniyah. Avaliaram a presença de cálcio, magnésio, sódio, potássio, cobre e zinco, a dureza total e temporária e a alcalinidade carbonatada. Discutiram as flutuações destes parâmetros em função da fonte de água, das condições atmosféricas, etc.

Bandel et. al. - Estudou o poder poluente das águas residuais em termos de oxigénio que será necessário para a sua descarga nas águas da barragem de Bandel, onde existem condições aeróbias. Os valores de CBO foram máximos (9,2 ppm) no inverno.

Chater jee e Ria Ziuddinu - Realizaram uma investigação lim nológica num rio degradado, o Numia, na cintura industrial de Asansol. As presentes investigações tiveram como objetivo calcular o índice de qualidade da água do rio e avaliar o impacto das indústrias, da agricultura e das actividades humanas na qualidade da água. A água em todas as estações de amostragem foi registada acima do limite superior em termos de was, o que indicava que o rio não era seguro para uso humano.

S.Arul Antony et al. (2008) efectuaram um estudo de correlação da qualidade das águas subterrâneas na região industrial petrolífera de Manali, em Tamil Nadu, e referiram que as águas subterrâneas na área de estudo não são potáveis devido à elevada quantidade de sólidos dissolvidos totais, dureza total, cloretos, alcalinidade e ferro. A maioria dos parâmetros ultrapassava os limites admissíveis ou os limites excessivos.

Rizwan Ullah et al. (2009) investigaram a avaliação da contaminação das águas subterrâneas numa cidade industrial, Sialkot, Paquistão. Analisaram vinte e dois parâmetros físico-químicos e referiram que o valor das concentrações de sólidos dissolvidos totais, turvação, cloreto, dureza total, ferro e alguns metais pesados estavam acima dos níveis admissíveis da Organização Mundial de Saúde.

S.C. Hiremath et al. (2011) A análise físico-química das águas subterrâneas na área municipal de Bijapur foi avaliada e foram determinados os parâmetros pH, sólidos totais dissolvidos, turvação, dureza total, cloreto de trinta e seis amostras de diferentes fontes em diferentes locais e em diferentes estações do ano, tendo sido referido que as cinco amostras não são adequadas para consumo em todas as estações do ano. Sugeriram também que a manutenção eficaz da qualidade da água dos recursos locais através de medidas de controlo adequadas, a monitorização contínua dos seus parâmetros de qualidade e a sua utilização como suplemento à água do rio reduzem a crise hídrica da cidade.

D. Senthil Kumar et al. (2011) analisaram a avaliação da qualidade da água subterrânea na área irrigada por efluentes da fábrica de papel e foi relatado que foi observada uma elevada carga de poluição nos corpos de água subterrânea devido ao fluxo contínuo de efluentes perto das fontes de água subterrânea, a água efluente consiste em 3400 mg/1 de sólidos suspensos, o pH variou de 5,5 - 7,6, o valor da Demanda Bioquímica de Oxigénio e COD variou de 2-780 e 60-1520 mg/1, respetivamente.

K. Saravanakumar e KRanjit Kumar (2011) analisaram os parâmetros de qualidade da água subterrânea perto da área industrial de Ambattur, Tamil Nadu e relataram que a área de estudo está altamente contaminada com Sólidos Totais Dissolvidos, devido à elevada concentração de Sólidos Totais Dissolvidos, a água perde a sua potabilidade e reduz a solubilidade do oxigénio na água e não é adequada para fins de consumo.

Emmanuel Bernard e Nurudeen Ayeni (2012) Avaliaram a análise físico-química de amostras de águas subterrâneas da área governamental local de Bichi, no estado de Kano, na Nigéria. Foram analisadas amostras de vinte locais diferentes e verificou-se que as amostras de água se encontravam dentro dos limites permitidos pela OMS para as águas subterrâneas, o que satisfaz o limite para a sua utilização para vários fins, como doméstico, agrícola e industrial.

Pushpendra Singh BundelaA et al. (2012) referiram que a qualidade físico-química da amostra perto de locais de descarga de resíduos sólidos urbanos em Jabalpur. Foi referido que o valor dos sólidos dissolvidos totais variava entre 546 mg/1 e 907 mg/1 e era elevado em comparação com os limites admissíveis, tendo sido igualmente referido que, para evitar a possibilidade de poluir os recursos hídricos subterrâneos, era preferível aceitar a melhor solução.

S. Mumtazuddin et al. (2012) relataram que a qualidade das amostras de água de poços tubulares perfurados em diferentes locais ao longo do cinturão Budhi Gandak do bloco Kanti de Akharaghat a kanti Muzaffarpur, distrito de Bihar, no que diz respeito a parâmetros como pH, condutividade, sólidos dissolvidos totais, oxigénio dissolvido, dureza total, alcalinidade, cálcio, magnésio e cloreto, bem como metais pesados, e relataram que os sólidos dissolvidos totais e a alcalinidade total de algumas amostras excederam o limite máximo permitido para a água, Alcalinidade, cálcio, magnésio e cloreto, bem como metais pesados, e indicaram que o total de sólidos dissolvidos e a alcalinidade total de algumas amostras excederam o limite máximo admissível da OMS e também indicaram que o valor do teor de ferro em todas as amostras era muito superior ao limite máximo admissível da OMS.

Bharti Saini e Pradeep Kumar (2012) A qualidade físico-química da água do campus do IIT Roorkee foi registada por e indicou que alguns dos parâmetros acima referidos são comparáveis aos limites admissíveis. A qualidade das águas subterrâneas no distrito de Nilgiri foi estudada por T. Subraman et al. (2012), que utilizaram os principais parâmetros de qualidade das águas subterrâneas, como pH, sólidos dissolvidos totais, dureza total, cloretos, cálcio, turvação e temperatura. E relataram que o valor do sólido dissolvido total e do cálcio é superior ao nível permitido.

A. Ponniah Raju et al. (2012) Spatial Analysis of ground water quality Investigation in North Chennai e foi relatado que todas as amostras de água subterrânea da área de estudo não são potáveis para fins de consumo. Também referiram que alguns parâmetros de qualidade da água, como o total de sólidos dissolvidos, o cloreto, a dureza total, a alcalinidade e o bicarbonato de algumas localizações, estavam acima do limite desejável durante o período pré-monção e que, durante o período pós-monção, a água se tornava potável devido à diminuição dos valores dos parâmetros de qualidade da água. Hemant Pathak (2012) avaliou a qualidade físico-química das águas subterrâneas através de uma análise multivariada em algumas aldeias populosas nas proximidades de Sagar City, M.P., tendo constatado que os valores de pH de todas as amostras se situavam entre 5,5 e 8,5.

Das N.C. (2013). As caraterísticas físico-químicas de amostras selecionadas de águas subterrâneas da cidade de Ballarpur do distrito de Chandrapur, Maharashtra, foram investigadas. Foram recolhidas amostras de dez locais diferentes e analisadas caraterísticas físico-químicas como o pH, o total de sólidos dissolvidos, a alcalinidade total, a dureza total, o oxigénio dissolvido, o cálcio, o cloreto, o fluoreto e o ferro. E foi relatado que a Dureza Total, a Alcalinidade Total, o Cálcio, o Cloreto e o Oxigénio Dissolvido excedem os limites permitidos prescritos pela Organização Mundial de Saúde na maioria das amostras de águas subterrâneas. Sugeriu o controlo da qualidade das águas subterrâneas e a sua avaliação periódica para evitar uma maior contaminação.

Verma Apoorv e Pandey Govind (2014) estudaram a qualidade da água subterrânea das zonas urbanas e peri-urbanas da cidade de Gorakhpur e referiram que 25% das amostras de bombas manuais em Gorakhpur têm TDS e dureza total elevados e 25% das amostras do bloco de Khorabar têm pH elevado. Sugeriram a realização de inquéritos pormenorizados sobre a qualidade da água e de programas de sensibilização da comunidade.

Mohamed Hanipha M. e Zahir Hussain A. avaliaram a qualidade das águas subterrâneas na cidade de Dindigul, Tamilnadu. Foi referido que a maior parte dos parâmetros físico-químicos, como o oxigénio dissolvido, a carência bioquímica de oxigénio e a carência química de oxigénio, se encontravam em concentrações elevadas na maior parte das estações de amostragem de águas subterrâneas e sugeriram que a avaliação dos parâmetros de qualidade da água, bem como as práticas de gestão da qualidade da água, fossem efectuadas periodicamente para proteger os recursos hídricos.

2.2 Águas superficiais:

Para analisar a amostra de água da lagoa localizada perto das minas de Nandani no distrito de Durg C.G., Verma S. et al. (2012) encontraram TDS e dureza elevados na área de estudo. Parihar S. S. et al. (2012) avaliaram a análise físico-química e microbiológica da água subterrânea na cidade de Gwalior e arredores (MP). Foi relatado que a água na área de estudo não era adequada para beber devido ao elevado valor de TDS e também relatou que o elevado conteúdo microbiano contaminado e sugeriu que, antes de utilizar a água para fins de consumo, se utilizassem desinfectantes e se baixasse o valor de TDS. Pramisha Sharma et al. (2013) efectuaram uma análise físico-química das águas superficiais e subterrâneas do bloco de Abhanpur em Raipur, tendo analisado parâmetros importantes como a temperatura, o pH, o TDS, a alcalinidade, a dureza e o cloreto. Os autores referiram que os parâmetros se encontravam dentro do limite admissível, pelo que ambos os tipos de água eram seguros para utilização. A análise da qualidade da água utilizando parâmetros físico-químicos foi estudada no reservatório de Satak no distrito de Khargone, MP

por Yadav Janeshwar et al. (2013) e relataram os valores de cloreto, dureza total, dureza de magnésio, dureza de cálcio, alcalinidade, temperatura e pH. Singh Dhanesh e Jangde Ashok Kumar (2013) estudaram os parâmetros físico-químicos do rio Belgirinalla e referiram que a água desta zona apresentava um teor de sólidos totais, sólidos dissolvidos totais, sólidos suspensos totais e carência química de oxigénio superior aos limites, tendo também verificado que o valor de oxigénio dissolvido era inferior aos limites normais devido a cinzas volantes, lamas vermelhas e lagoas de esgotos situadas perto do rio Belgirinalla.

Índice de Qualidade da Água (IQA):

As revisões da literatura relevantes para o objetivo do estudo, ou seja, a análise do índice de qualidade da água e dos parâmetros de qualidade da água na zona industrial. Foi relatada uma quantidade significativa de trabalho sobre o Índice de Qualidade da Água e os Parâmetros de Qualidade da Água que decidem a Qualidade da Água. Foi também incluída uma discussão sobre o pensamento atual acerca da qualidade da água para as pessoas próximas da zona industrial. A ameaça mais comum e generalizada associada à água é a contaminação, direta ou indiretamente, por esgotos, por outros resíduos ou por actividades humanas ou animais. As indústrias também são responsáveis pela poluição da água. Se essa contaminação for recente e se, entre os contribuintes, existirem portadores de doenças entéricas transmissíveis, alguns dos agentes vivos casuais podem estar presentes. A água potável assim contaminada ou a sua utilização na preparação de determinados alimentos pode resultar em novos casos de infeção. O valor do índice de qualidade da água fornece uma forma fácil de compreender a qualidade global da água e a sua gestão. Muitos investigadores trabalharam neste domínio e a quantidade de relatórios disponíveis é significativa.

K. Yogendra e E.T. Puttaiah (2008) determinaram o índice de qualidade da água de uma massa de água urbana na cidade de Shimoga, Kanataka. Foi referido que a qualidade da água era muito má devido ao valor elevado do índice de qualidade da água. Avaliação do índice de qualidade da água nos rios Mahanadi e Atharabanki.

Pradyusa Samantary et al. (2009). Determinaram o índice de qualidade da água em três estações diferentes: verão, pré-monção e inverno, utilizando quatro parâmetros: pH, oxigénio dissolvido, carência bioquímica de oxigénio e coliformes. Os autores referiram que a deterioração da qualidade da água nos rios se deve à industrialização e às actividades humanas.

J. Yisa e T. Jimoh (2010) efectuaram estudos analíticos sobre a qualidade da água do rio Landzu e referiram que o valor do índice de qualidade da água das amostras era elevado devido ao valor elevado de alguns parâmetros de qualidade da água.

Goutam Bala e Ambarish Mukherjee (2010) verificaram que o índice de qualidade da água de algumas terras ocidentais no distrito de Nadia, em Bengala Ocidental, estava moderadamente contaminado nas águas subterrâneas. Wu-Yuan Jia et al. (2010), ao testarem e analisarem a qualidade da água potável nas zonas rurais do distrito de alta tecnologia da cidade de Tai "an, verificaram que o coliforme total, o ferro e a dureza total excediam ligeiramente os valores normalizados.

Kavita Parmar e Vineeta Parmar (2010) avaliaram o índice de qualidade da água para consumo humano do rio Subemarekha no distrito de Singhbhum e determinaram o índice de qualidade da água de cinco amostras diferentes de estações diferentes ao longo da bacia hidrográfica, utilizando seis parâmetros de qualidade da água: oxigénio dissolvido, carência bioquímica de oxigénio, número mais provável, turvação, sólidos dissolvidos totais e pH.

Foi registado que o valor de NMP excedeu os limites toleráveis em quase todas as estações. Observou-se que a principal causa da deterioração da qualidade da água se deveu à falta de saneamento adequado, a zonas fluviais desprotegidas, a elevadas actividades antropogénicas e à descarga direta de efluentes industriais.

Bharti N e katyal. D (2011). Índices de qualidade da água utilizados para a avaliação da vulnerabilidade das águas superficiais

Explicaram todos os índices de qualidade da água e a sua estrutura matemática.

K. Mophinkani e A.G. Murugesan (2011) Avaliaram e classificaram a qualidade da água do rio perene Tamirabarani através da agregação do índice de qualidade da água. Avaliaram 144 amostras durante o estudo e indicaram que a qualidade da água era excelente em 21,53%, muito boa em 28,47%, boa em 33,33%, razoável em 13,89% e marginal em 2,78%. Deepshikha Sharma e Arun Kansal (2011) analisaram a qualidade da água do rio Yamuna utilizando o Índice de Qualidade da Água. Utilizaram os parâmetros Oxigénio dissolvido, Carência bioquímica de oxigénio e Coliformes totais para calcular o índice de qualidade da água e comunicaram a qualidade da água do rio Yamuna.

Rumman Mowla Chowdhury et al. (2012) examinaram o índice de qualidade da água de massas de água ao longo da estrada Faridpur-Barisal no Bangladesh e analisaram seis parâmetros pH, **TDS, DO, CBO**, CE e temperatura, de diferentes estações de água e relataram que o índice de qualidade da água da maioria das massas de água está para além do limite aceitável, mas pode ser utilizado para fins domésticos e domésticos após purificação.

Ahmad I. Khwakaram et al. (2012) determinaram o índice de qualidade da água do riacho Qalyasan na cidade de Sulaimani, no Iraque. Analisaram treze parâmetros físico-químicos de dez amostras e relataram que apenas quatro amostras estão em boa classe, o índice de qualidade da água encontrado varia de 50-100. Mas as restantes seis amostras são inadequadas ou impróprias para beber, porque o valor do índice de qualidade da água é superior a 300. Parâmetros físico-químicos para testar a água - Uma revisão por Patil P. N. et al. (2012). Foi explicado os métodos e diretrizes para a análise de amostras de água. Estudo comparativo de águas subterrâneas por parâmetros físico-químicos e índice de qualidade da água por Vinod Jena et al. (2012) foi relatado que, das três grandes cidades de C.G., a água de Durg contém alto valor de pH e alto COD na água da área de Raipur e também foi relatado que a água subterrânea da cidade de Bhilai não era adequada para fins de consumo em comparação com outras duas cidades próximas.

D.K Pandey et al. (2012). Foi relatado que a amostra de água estava altamente contaminada e que apresentava riscos para a saúde devido à utilização humana.

Frederick A. Armah et al. (2012) analisaram o índice de qualidade da água de vinte e seis amostras de água subterrânea da área de mineração de ouro de Tarkara, no Gana, usando sete parâmetros e relataram que todas as amostras têm um valor muito alto do índice de qualidade da água, em média 825,89. Por conseguinte, a amostra desta área não é potável.

Er. Srikanth Satish Kumar Darapur et al. (2006) avaliaram a qualidade da água do rio Godavari. Hector Rubio- Arias et al. (2012) analisaram o índice de qualidade da água de um reservatório aquático artificial no México. Comunicaram o valor de 11 parâmetros e o valor do índice de qualidade da água.

Mahesh Kumar Akkaraboyina e B. S. N. Raju (2012) avaliaram o índice de qualidade da água do rio Godavari e examinaram oito parâmetros importantes de qualidade da água: pH, oxigénio dissolvido, carência bioquímica de oxigénio, condutividade eléctrica, alcalinidade total, dureza total, cálcio e magnésio. Foi registado que o índice de qualidade da água variava entre 99,28 e 98,36.

Mangukiya Rupal et al. (2012), Quality Characterization of ground water using water quality index in Surat city Foi determinado o índice de qualidade da água através da recolha de 125 amostras de água subterrânea de 39 áreas da cidade de Surat e foram considerados 13 parâmetros e o valor do índice de qualidade da água variou entre 15,93 e 977,86. Os autores referiram o elevado teor de ferro, sólidos dissolvidos totais e dureza e sugeriram que a água subterrânea da zona necessita de um certo grau de tratamento antes de ser consumida.

Srinivas J. et al. (2013) referiram que a água não estava em conformidade com as normas de consumo. E também constatou que o valor do Índice de qualidade da água é inferior a 100 e superior a 100.

Vinod Jena et al. (2013). verificou-se que os valores de Alcalinidade Total e Magnésio excedem os limites permitidos.

Manoj Kumar Ghosh et al. (2013). foi relatado que a amostra de água não continha contaminantes tóxicos. E também foi analisado o valor do Índice de Qualidade da Água da água das áreas de estudo.

Kumar Naresh et al. (2013) estudaram as propriedades físico-químicas e o exame bacteriológico da água termal da região de Vashisht no distrito de Kullu. Analisaram os parâmetros físico-químicos Oxigénio dissolvido, Carência bioquímica de oxigénio, Cloreto, pH, Sólidos totais dissolvidos, Alcalinidade e exame bacteriológico. Os investigadores verificaram que todos os parâmetros estavam abaixo dos limites e que não havia coliformes, pelo que a água era potável.

Ali Behmanesh e Yaser Feizabadi (2013). Utilizaram seis parâmetros importantes - pH, sólidos totais dissolvidos, oxigénio dissolvido, carência bioquímica de oxigénio, condutividade eléctrica e temperatura - para determinar o índice de qualidade da água, tendo constatado que, entre as estações de água, apenas uma contém parâmetros de boa qualidade da água para consumo humano e outras utilizações.

K Ambiga e a Dra. R. Anna Durai (2013) mediram o índice de qualidade da água na zona de Ranipet. Analisaram 35 amostras de água subterrânea utilizando nove parâmetros e concluíram que o valor médio do índice de qualidade da água era muito elevado e que a qualidade da água era muito má.

Shinde Deepak e Ningwal Udaya Singh (2013) relataram que o índice de qualidade da água subterrânea durante cada estação está bem dentro do limite permitido e a água subterrânea é segura para beber ou própria para consumo humano. Página

A. Q. Das et al. (2014) analisaram vários parâmetros de qualidade da água do rio Jehlum; Jamu & Kashmir determinou o valor do Índice de Qualidade da Água da água da área de estudo.

CAPÍTULO 3

3.1 LOCALIZAÇÃO DO SÍTIO DE ESTUDO

DESCRIÇÃO DO SÍTIO DA ZONA INDUSTRIAL DE KORBA

A divisão de Bilaspur é uma recompensa natural da parte oriental de M.P.. Situa-se a 21,11° de latitude norte e a 81,12o a 83,19° de longitude leste (Fig. 1). A elevação média em relação ao nível do mar varia entre 750 e 3693 pés. A divisão faz parte da bacia hidrográfica do Mahanadi. Para além deste grande rio, Arpa, Hasdeo, Kharang, Lilagar, Maniari, Mand e Sheonath são os rios irmãos do Mahanadi que cobrem toda a divisão para irrigação, indústria, piscicultura e abastecimento de água potável. O rio Hasdeo, um dos principais afluentes do Mahanadi, é um dos rios importantes de Chhattisgarh. Corre em direção ao sul do Estado, através dos distritos de Koriya, Bilaspur e Korba. Durante o seu curso, este rio funde-se com os seus afluentes, como o Gej e o Chomai, na margem esquerda, e o Tan e o Ahiran, na direita, antes de se encontrar com o Mahanadi. O Hasdeo tem um comprimento total de 245 km e tem a sua origem na aldeia de Mendra. Outros afluentes do Hasdeo são o Jhumka e o Bania. Ao longo do rio encontram-se rochas e zonas montanhosas, zonas florestais pouco densas e povoações importantes como Sonhat, Ghugra, Manendragarh, Kosgain, Korba e Champa.

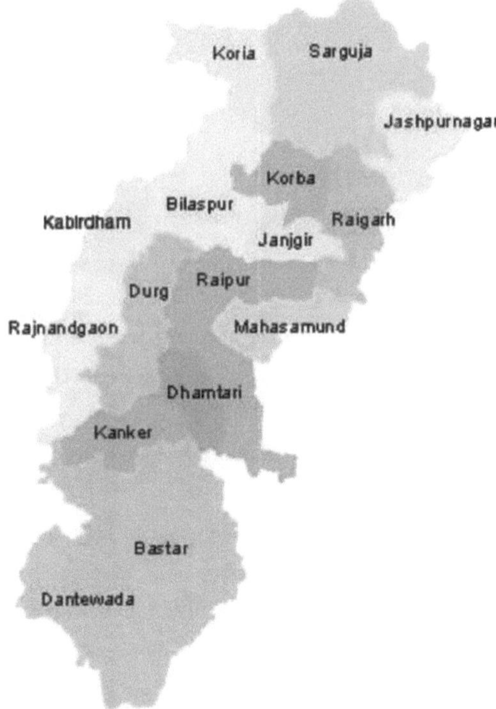

Antes da independência do país, a divisão de Bilaspur era conhecida pelas densas florestas caducifólias de Sal em mais de 70% da sua área. Para além dos recursos naturais florestais, a divisão foi também identificada pela enorme reserva de carvão, que é agora a principal atração para os grandes estabelecimentos industriais, as unidades de produção de carvão (South Eastern Coal Fields, Mahanadi Coal Fields), as unidades de produção de energia (National Thermal Power Corporation, Madhya Pradesh Electricity Board) e as unidades de produção de cimento (Raymond Cement, Modi Cement, etc.), a Bharat Aluminium Company, a Indo Berma Petrolium, a Jindal Steel, a Prakash Steel, a Bharat Paper Mill, etc.

Korba é uma cidade industrial importante e em rápido crescimento de Chhattisgarh. Antigamente, era uma pequena povoação humana na divisão de Bilaspur de Madhya Pradesh. Desenvolveu-se progressivamente num centro importante durante os últimos 25 anos. Korba, que se insere na região de minerais não ferrosos, situa-se na importante via carbonífera de "lower gondwana", que supostamente contém mais de 1000 milhões de toneladas de reservas de carvão.

GEOLOGIA E GEOMORFOLOGIA

A cidade de Korba está situada nos cumes baixos e altos do rio Hasdeo. É a zona industrial mais importante de Madhya Pradesh. Tem uma localização pitoresca na confluência de dois rios, o Hasdeo e o Ahiran, com o ponto cordial a 22-20° de latitude norte e 82-42° de longitude leste e a uma altitude de 304,8 metros acima do nível médio das águas do mar. Historicamente, Korba era uma aldeia "adivasi" que recebeu o nome das tribos Korwa de Katghora tahsil.

O desenvolvimento da zona começou com a instalação das duas centrais térmicas do MOEB em 1957 e 1963, com uma capacidade de 440 e 840 MW, respetivamente. Mais tarde, foram acrescentadas outras unidades industriais, como uma fábrica de alumínio da Bharat Aluminium Company e mais três unidades de energia térmica. Em torno destas unidades industriais acabou por surgir um bairro urbano moderno.

No entanto, o ritmo acelerado das actividades industriais e de outras actividades de desenvolvimento e o consequente crescimento urbano rápido trouxeram invariavelmente consigo aglomerações humanas não planeadas e aleatórias e problemas de abastecimento de água. Saneamento e degradação ambiental sob a forma de poluição da água, do ar e sonora.

REGIÃO MINERAL -

Korba está localizada numa região de minerais não ferrosos e de acordo com a sequência geológica de Korba. Está dividida em três regiões principais: i) Arqueanos, ii) Talchirs, iii) Bora Kars.

SOLO-

O estado do solo de Korba é maioritariamente alcalino, com pouca matéria orgânica. O pH do solo é registado entre 7 e 8,5 ou superior.

VEGETAÇÃO -

A vegetação florestal mais comum é composta por Beeja, Babul, Harra, Mahuwa, Neem, Sal, Saja e Seesham.

CLIMA -

O clima da região de Korba é caracterizado por um verão quente e seco e por uma boa precipitação sazonal, provocada pela monção do sudeste. A estação fria amena decorre de dezembro a fevereiro.

TEMPERATURA -

Em Korba e nos seus arredores, a temperatura varia entre 45°C e 49°C e a temperatura mínima é geralmente de 15°C a 20°C. Ocasionalmente, é inferior a 15°C no inverno. O mês mais quente é maio e o mês mais frio é janeiro. Assim, durante o mês de maio e o mês mais frio é janeiro. Assim, durante o verão, a região é extremamente quente, com radiações abrasadoras, ao passo que os Invernos são moderadamente frescos, como nas zonas costeiras.

HUMIDADE -

A humidade relativa aumenta quando o ar arrefece e diminui quando o ar arrefece e diminui quando aquece. Embora o teor real de vapor permaneça o mesmo. Por conseguinte, a percentagem de humidade relativa é elevada durante o período da monção do sudoeste. A percentagem mais elevada de humidade, 87%, foi observada em julho, enquanto a percentagem mínima, 18%, ocorreu em abril.

Os pormenores completos dos principais estabelecimentos industriais são os seguintes

(1) South Eastern Coal Field Limited (SECL) -

As jazidas de carvão de Korba são as mais importantes das zonas de exploração e contêm reservas consideráveis de carvão que estão a ser exploradas em diferentes sectores. As jazidas de carvão de Korba são as segundas maiores em Madhya Pradesh, com uma reserva estimada em 3,378 milhões de toneladas. Esta jazida de carvão está bem desenvolvida e tem 28 milhas marítimas, das quais uma série possui carvão de melhor qualidade. O rio Hasdeo, que divide as jazidas de carvão em duas partes desiguais, é o principal canal de drenagem. Os estratos carboníferos têm uma extensão de 500 km2. Dos quais cerca de 150 quilómetros quadrados. situa-se a leste do rio Hasdeo e a maior área a oeste. Uma faixa estreita de sedimentos de Barakar continua até ao vale de Ahiran, a noroeste. A área de Korba Hasdeo Arand e Mand gondwana, uma bacia principal no vale do Mahanadi, tem uma história tecno-sedimentológica mais ou menos semelhante. A bacia de Korba adquiriu maior importância devido às grandes reservas de carvão, tanto de qualidade superior como inferior, em comparação com as da bacia adjacente.

(2) Bharat Aluminium Company Limited (BALCO) -

A BALCO é um dos principais consumidores de água para vários fins industriais e utilitários para fins industriais.

 (i) Fábrica de alumínio 40,00,000 m /ano.

 (ii) Fábrica de fundição e laboratório 23,50,000 m /ano para fins domésticos, (iii) Município 26.44,200 m^3 /ano.

Do total de água consumida para fins industriais, cerca de 100-125 m^3 /dia de águas residuais são geradas na forma alcalina não biodegradável e têm de ser diluídas com cerca de 500-600 m /dia de água de arrefecimento para se tornarem tratáveis. Vários tipos de efluentes industriais são descarregados como fluxos combinados de fluxos separados através do canal aberto.

Esta mistura de efluentes com a água de arrefecimento é descarregada em dengur nallah através de uma conduta de água aberta. A lama vermelha que sai com a lama cáustica de diferentes unidades da fábrica de alumínio é bombeada para os tanques de lama vermelha situados no lado norte de belgiri nallah.

A lama é mantida nestes tanques onde a lama vermelha pesada assenta e a água cáustica é bombeada de volta para o sistema. Do mesmo modo, os resíduos de criolite da fábrica de fundição são bombeados para a evaporação localizada a norte dos tanques de lama vermelha e a lama é aí mantida para evaporação solar.

(3)   Corporação Nacional de Energia Térmica (NTPC) -

Os recursos hídricos do rio Hasdeo e a enorme quantidade de recursos de carvão são os dois principais parâmetros decisivos responsáveis pela localização da grande central térmica em Korba. Korba tornou-se agora um centro muito importante de produção de eletricidade com a adição de duas grandes centrais térmicas pertencentes à NTPC e à MPEB na margem ocidental do rio Hasdeo. A central eléctrica de Balco também foi construída junto à central da NTPC.

Esta unidade descarrega efluentes de águas residuais de três fontes, nomeadamente o arrefecimento do condensador, a descarga da caldeira e a estação de tratamento de água desmineralizada. Esta unidade utiliza a água para vários fins.

q para arrefecimento do condensador - 10080 m /dia para lama de cinzas volantes - 2400000 m /dia^3

A quantidade de águas residuais descarregadas dos vários pontos da unidade é a seguinte q

Descarga da caldeira - 3000 m /dia q Transbordo do tanque de cinzas - 36000 m /dia

(4)   Central eléctrica cativa da Balco (BCPP) -

A central eléctrica que fornece energia à fábrica de Balco consome a seguinte quantidade de água para vários fins

O arrefecimento do condensador - 40600 m /dia^3

Para lama de cinzas volantes - 8880 m /dia^3

Deste modo, a água total consumida para fins industriais.

A produção de águas residuais por fonte é a seguinte.

Descarga da caldeira - 550 m /dia

Descarga de água de arrefecimento do condensador - 18720 m /dia

Transbordo da bacia de cinzas - 20200 m /dia

A água de purga das caldeiras e a água de arrefecimento são descarregadas continuamente no rio Hasdeo, tal como as cinzas volantes que transbordam das barragens de cinzas.

Assim, esta unidade descarrega os efluentes residuais principalmente de duas fontes: o sistema de arrefecimento do condensador e a estação de tratamento de água desmineralizada. Estes são libertados através de fluxos separados.

(5)   Central Térmica do Estado (CS EB Este) -

O conjunto de três casas de eletricidade consome a seguinte quantidade de água.

Potência de arrefecimento do condensador 15500 m /dia Não

Água de arrefecimento das torres

Para lama de cinzas Nulo (eliminação a seco) 23000+38600 m /dia^3

A quantidade de águas residuais descarregadas de várias operações da fábrica é a seguinte

Casa de força -1 Casas de força - II e III

Descarga da caldeira 5 m^3 /dia 60+50 m /dia^3

Sopro de água de colagem 1360 m^3 /dia Nulo

A água da descarga é escoada para o rio Hasdeo através de um canal aberto e o caudal excessivo do tanque de cinzas é transportado para Dengur Nallah através de uma barragem de cinzas.

(6)   Central Térmica de Hasdeo (CSEB Oeste) -

A fábrica capta água da barragem e consome a seguinte quantidade para as várias actividades da fábrica.

para arrefecimento do condensador - 232460 m/dia

A quantidade de águas residuais geradas pela fábrica é a seguinte

Rebentamento da caldeira - 350 m /dia

Sobrecaudal do tanque de cinzas - 209210 m /dia^3

3.2 ESTUDO AMBIENTAL DO RIO HASDEO -

O rio Hasdeo é um recurso hídrico perene que é o maior afluente do rio Mahanadi em Madhya Pradesh. Este rio divide as zonas de extração de carvão na divisão de Bilaspur em duas partes desiguais, ou seja, os campos de carvão do sudeste e de Mahanadi.

O rio Hasdeo nasce na montanha Kaimur do distrito de Sarguja. O comprimento total do rio Hasdeo corre inteiramente na divisão de Bilaspur.

O rio Hasdeo é alimentado principalmente por mansoon e o terreno através do qual corre é composto por um curso leve e arenoso de solo Bhata que é bastante deficiente em fósforo, azoto e cálcio. O rio atravessa terrenos florestais, terrenos de cultivo e zonas urbanas e rurais densamente povoadas. As zonas urbanas, incluindo a cidade industrial de Korba, com uma população de mais de um milhão de habitantes, têm uma série de grandes indústrias como a NTPC, a MPEB, a BALCO, juntamente com a IBP (Explosivos) e a Fábrica de Papel Bharat de Champa. Estas indústrias descarregam os seus efluentes no rio Hasdeo de forma quase indiscriminada, alterando assim a composição natural da água.

O rio corre ao longo de mais de 70 km nas áreas acima mencionadas e é constituído por dois reservatórios de água, nomeadamente a barragem de Hasdeo, Minimata Bango e a barragem de Hasdeo Darrighat, para abastecimento regular de água às unidades de produção de energia térmica de 3750 MW e a outras indústrias, como a IBP e a BALCO, para a cultura de pisci e também para fins de irrigação e consumo. Banerjee, (1997) identificou o rio Hasdeo em 5 zonas de água diferentes: (i) zona de águas claras (zona de cabeceira do Hasdeo em Bango). (ii) zona de eurrofização (barragem de Darrighat em Korba), (iii) zona séptica e zona de decomposição ativa (ribeiro com esgotos e efluentes de fábricas de papel em Champa) e (v) zona de recuperação (ribeiro principal antes e depois de Champa).

Estações de amostragem e parâmetros o Investigação -

Local - 1: Libertação de efluentes da NTPC, Korba.

Local - 2: Libertação de efluentes da BCPP, Korba.

Local - 3: Libertação de efluentes de MPEB (E), Risda, Korba.

Local - 4: Lançamento de efluentes de MPEB (W), Lotiota, Korba.

Local - 5: Libertação de efluentes da BALCO, (Fábrica de Alumina) Korba.

Local - 6: Descarga de efluentes da BALCO, (Fábrica de fundição) Korba.

Local - 7: Libertação de efluentes da BALCO, (Fábrica de fabrico) Korba.

Local - 8: Libertação de efluentes da BALCO, (fábrica de pasta de ânodo) Korba.

Local - 9: Rio Hasdeo a montante de Lotiota, Korba.

Local-10: Rio Hasdeo após a confluência do MPEB (W) perto de Lotiota, Korba.

Local-11: Rio Hasdeo 100 metros abaixo após a confluência NTPC. Perto de Charpara, Korba.

Sítio - 12: Rio Hasdeo 100 metros abaixo após a confluência com o rio Ahiran, perto de Dagniakhar, Korba.

Local - 13: Rio Hasdeo 100 metros a jusante após a confluência com Dengur nallah, perto de MPEB (E), Guest house, Korba.

Sítio - 14: Rio Hasdeo a jusante, perto da aldeia de Urga, Korba.

Local - 15: Jhariya nallah a jusante da confluência de MPEB (W) e BCPP Daganiakhar, Korba.

Sítio-16: Dengur nallah após as confluências MPEB (E), Risda, Korba.

Sfite-17: Dengur nallah após confluências BALCO, perto de Rampur Korba.

3.3 FONTES DE CONTAMINAÇÃO DA DESCARGA DE EFLUENTES

A jusante da barragem de Hasdeo, o rio recebe a maior quantidade de resíduos industriais e de esgotos municipais. Trata-se de um curso de água quase estéril, com água castanha, que é um testemunho mudo dos produtos químicos venenosos que tornam a água imprópria para o crescimento e desenvolvimento da flora e fauna aquáticas. As descargas de efluentes industriais (BALCO, MPEB e NTPC) são efectuadas através do rio Ahiran. Dengur e Belgiri nallah na corrente principal de Hasdeo. Trata-se de uma zona virtualmente abiótica, onde se encontram peixes, rãs, cobras, mas também algas, etc.

O conteúdo de substâncias tóxicas como o flúor, o sulfato de sódio, o magnésio, o ferro e muitos outros metais tóxicos como o Al, As, Cd, Cu, Zn, Mg, Pd são os principais factores que não permitem o crescimento e o desenvolvimento de qualquer vida.

(1)   Córrego com esgotos e efluentes industriais -

Esta é a zona de decomposição séptica do rio que começa na cidade de Champa, 35 km a jusante de Korba. O rio poluído desta cidade revela a relação recíproca entre os efluentes industriais descarregados em Korba e Champa, por exemplo, o conteúdo orgânico das águas residuais domésticas e dos efluentes industriais descarregados no rio torna-se significativo para a manutenção do equilíbrio químico das populações, essencial no processo de auto purificação da água. Da mesma forma, os deméritos da poluição inorgânica, como a alcalinidade, a turvação e a cor castanha esbranquiçada da ribeira de Korba, escondem os alarmantes efluentes negros das fábricas de papel Bharat. Esta utilização industrial contínua e indiscriminada da água de Hasdeo, que despeja sólidos suspensos e dissolvidos, resulta numa elevada carência biológica de oxigénio e carência química de oxigénio.

(2) Resíduos sólidos -

Os resíduos domésticos, municipais e comerciais nos Estados Unidos ascendem a cerca de 226 milhões de toneladas métricas de resíduos sólidos por ano ou 3,1 kg de resíduos per capita por dia. A maior parte destes resíduos acaba em resíduos minerais provenientes da extração de carvão, cobre, alumínio, fosfatos e outros materiais, com mais de 1000 milhões de toneladas métricas de resíduos industriais provenientes da indústria transformadora, como os resíduos de bauxite e as escórias de aço, que ascendem a milhões de toneladas métricas (110 milhões em termos de calções) de resíduos sólidos por ano(108).

Os métodos mais comuns e convenientes de eliminação de resíduos sólidos são os aterros sanitários e as lixeiras a céu aberto. Estes dois métodos são, antes de mais, um problema para a paisagem. As lixeiras a céu aberto podem causar problemas de saúde ambiental devido à grande população de roedores e outras pragas. Os aterros sanitários, que são agora mais comuns, proporcionam melhores condições estéticas, mas muitas vezes os resíduos industriais de conteúdo desconhecido vêm com os resíduos domésticos. A infiltração de águas subterrâneas e a contaminação das reservas de água com produtos químicos tóxicos conduziram recentemente a um controlo mais ativo dos aterros sanitários e da eliminação de resíduos industriais. A gestão cuidadosa dos aterros sanitários, como o tratamento dos lixiviados e do escoamento superficial, bem como a cobertura diária com solo superficial, permitiu resolver a maior parte do problema das descargas a céu aberto nas grandes metrópoles.Além disso, os fumos de ácido clorídrico libertados pela queima de plásticos são tão corrosivos que limitam as incinerações a uma vida muito curta. (109)

(3) Poluição por pesticidas -

Os pesticidas são substâncias químicas orgânicas e inorgânicas originárias dos primórdios, utilizadas eficazmente para melhorar o ambiente humano através do controlo de formas de vida indesejáveis, como bactérias, insectos, etc. A sua eficácia tem, no entanto, um impacto considerável na poluição. Os pesticidas persistentes ou duros, que são relativamente inertes e não degradáveis por atividade química ou biológica, são também bioacumulativos, ou seja, ficam retidos no corpo do organismo que os consome e concentram-se em cada nível subsequente da cadeia alimentar biológica. Por exemplo, o DDT pode ser aplicado numa área de modo a que os níveis no ambiente circundante sejam inferiores a uma parte por milhão. (110)

(4)   **Poluição térmica -**

A poluição térmica é a descarga de calor residual através da dissipação de energia na água de arrefecimento e, subsequentemente, nos cursos de água próximos. As principais fontes de poluição térmica são as instalações de produção de energia eléctrica nuclear e de combustível e, em menor grau, as operações de arrefecimento associadas a

Indústrias transformadoras, tais como fundições de aço, outras indústrias metalúrgicas primárias e produtos químicos e petroquímicos.

A temperatura das descargas das centrais eléctricas varia geralmente entre 5°C e 11°C (9°F e 20°F graus) acima da temperatura ambiente da água. Estima-se que 90% de todo o consumo de água, excluindo as utilizações agrícolas, se destina à dissipação da energia de arrefecimento.

A descarga de água aquecida nos cursos de água provoca frequentemente desequilíbrios ecológicos. Por vezes, a descarga de água aquecida provoca grandes mortandades de peixes. O aumento da temperatura acelera os processos químico-biológicos e diminui a capacidade da água para reter o oxigénio dissolvido. As alterações térmicas afectam o sistema aquático, limitando ou alterando o tipo de peixes e de biota aquática capazes de crescer ou de se reproduzir na água.

(5)   **Poluição do solo -**

A poluição do solo é a degradação da superfície terrestre devido à má utilização do solo por práticas agrícolas incorrectas, exploração de minerais e descarga de resíduos industriais. A má utilização do solo, a erosão do solo resultante de más práticas agrícolas, remove a camada superior do solo rica em húmus, desenvolvida ao longo de muitos anos através da decomposição vegetativa e da degradação microbiana, privando assim a terra de nutrientes valiosos para o crescimento das culturas. A extração de minerais e de carvão desperdiça milhares de hectares de terra todos os anos, desnudando a terra e sujeitando a área a problemas de erosão generalizados. O atual aumento da urbanização, devido à explosão demográfica, provoca uma erosão adicional do solo.

CAPÍTULO 4

METODOLOGIA

3.4 INTRODUÇÃO

O rio Hesdeo é um recurso hídrico perene que é o maior afluente do rio Mahanadi em Madhya Pradesh. Este rio divide a zona das jazidas de carvão na divisão de Bilaspur em duas partes desiguais, ou seja, as jazidas de carvão do Sudeste e de Mahanadi. O rio Hasdeo nasce na montanha Kaimur do distrito de Sarguja.

O rio atravessa terrenos florestais, terrenos de cultivo e zonas rurais urbanas densamente povoadas.

As zonas urbanas, incluindo a cidade industrial de Korba, com uma população superior a um milhão de habitantes, têm uma série de grandes indústrias como a NTPC, a MPEB, a BALCO, juntamente com a IBP (explosivos) e a fábrica de papel Bharat de Champa. Estas indústrias descarregam os seus efluentes no rio Hasdeo de forma quase indiscriminada, alterando assim a composição natural da água.

MÉTODOS DE RECOLHA DE AMOSTRAS DE ÁGUA -

Os pontos de amostragem já foram fixados para a coleção de água, ou seja, os resíduos industriais que são descarregados no rio. A amostragem foi efectuada durante um período de 12 meses em diferentes estações do efluente industrial e no ponto de confluência com o rio.

A amostragem foi feita a meio de cada mês, tendo sido recolhidos 2,5 litros de água e amostras de efluentes num bidão de plástico limpo e lavado para testes físico-químicos e dos quais 300 ml de amostra de água foram recolhidos numa garrafa de CBO esterilizada para testes biológicos. As amostras foram analisadas em 0,34 horas.

Foram estudados os seguintes parâmetros físico-químicos do efluente e da água do rio Hasdeo. São eles: (i) Aspeto físico (ii) Odor (iii) pH (iv) Sólido total (v) Sólido dissolvido (vi) Sólido em suspensão (vii) Cloreto (viii) Alcalinidade (ix) Carência biológica de oxigénio (x) Carência química de oxigénio (xi) Amoníaco (xii) Azoto nitrato (xiii) Azoto nitrito (xiv) Fosfato total (xv) Dureza total (xiv) Dureza cálcica (xvii) Dureza magnésica.

[A] FÍSICO -

A temperatura da água depende da estação do ano e da temperatura do solo com o qual está em contacto. A temperatura óptima da água potável situa-se entre 7°C e 11 °C. A água nesta gama de temperaturas tem um sabor agradável e é refrescante. A altas temperaturas, a água contém poucos gases dissolvidos e, por isso, o seu sabor é desagradável *-[145] \ A temperatura da água foi medida com um termómetro centígrado às 9.0 horas.

[i]   Aparência -

As observações visíveis registam o aspeto geral das amostras, a tendência para a formação de espuma, a presença de óleos visíveis, de gorduras ou de outras matérias flutuantes, suspensas ou sedimentadas, ou seja, límpidas ou turvas.

[ii]   Odor -

O odor e o sabor dependem da temperatura, dos gases dissolvidos e da composição química das impurezas. O odor e o sabor da água devem-se à presença de sulfureto de hidrogénio e aos produtos da decomposição de plantas vegetais, que se desenvolvem nas massas de água com o tempo. As plantas aquáticas decompõem-se sob a influência de bactérias especiais e libertam substâncias com odores desagradáveis. O odor é medido numa escala de cinco graus, como se segue

QUADRO - 3.1

Degree	Intensity	Description
0°	None	Absence of any distinguishable odour
1°	Vary fast	Odour only detectable by an experienced worker.
2°	Fast	Odour unnoticeable to an unaware Consumer but which can be detected after warming
3°	Marked	Odour easily detectable and displeasant
0°	District	Odour making water unfit for drinking.
0°	Very strong	Strong repulsive odour.

A pequena amostra foi suavemente agitada e o verdadeiro odor foi registado como mofado, sético, aromático, cloroso, inodoro ou desagradável.

[B] QUÍMICA -

[i] pH (concentração de iões de hidrogénio) -

O pH da água é definido como o logaritmo negativo da concentração de iões de hidrogénio.

O valor do pH da água neutra é geralmente considerado como sendo água é geralmente considerado como sendo igual a

$$\log \frac{1}{10^{-7}} = 7.$$

A água será ácida se o pH for inferior a 7,0 e alcalina se for superior a (7,0).

Thackray (1981) definiu 6 ambientes aquáticos com base no pH.

Strongly alkaline	-	pH > 9.0
Alkaline	-	pH 8.0 to 9.0
Weakly alkaline	-	pH 7.2 to 8.0
Neutral	-	pH 6.6 to 7.2
Slightly acidic	-	pH 5.5. to 6.6
Acidic	-	pH 2.1 to 5.5

O pH da água foi medido diretamente com um medidor de pH (systronic).

[ii]   Sólidos totais (TS) -

Os sólidos totais são o valor dos sólidos totais dissolvidos e dos sólidos totais em suspensão. O sólido total foi determinado pelo método de evaporação. Tomaram-se os copos de evaporação de tamanho adequado e anotou-se o seu peso inicial. O copo contendo 100 ml de amostra foi colocado à temperatura máxima (103°C)-105°C). Depois da evaporação, anotou-se o peso final do copo após arrefecimento no exsicador e calculou-se o sólido em g/1 pelo seguinte método [152]

$$\text{Total solid (mg/l)} = \frac{B-A}{V} \times 10^6$$

Onde,

A = Peso inicial do copo (grama).

B = Peso final do copo (grama).

C = Volume da amostra colhida (ml.).

[iii]   Total de sólidos dissolvidos (T.D.S.) -

Os sólidos dissolvidos totais foram determinados como o resíduo deixado após a evaporação da amostra filtrada e indicados como S.D.T. Foram tomados copos de evaporação de tamanho adequado e o seu peso inicial foi anotado. Em seguida, evaporou-se, numa estufa, uma amostra filtrada de um copo a uma temperatura máxima de cerca de 180^0 C. Após arrefecimento num exsicador, anotou-se o peso final do copo e calculou-se o total de sólidos dissolvidos em mg/1 pela seguinte fórmula

$$\text{Total dissolved solid (mg/l)} = \frac{B-A}{V} \times 10^6$$

Onde,

A = Peso final do copo (grama).

B = Peso inicial do copo (grama).

C = Volume da amostra colhida (ml.).

[iv]   Sólido Total Suspenso (S.S.T.) -

Por sólidos suspensos totais entende-se partículas de dimensão superior a $1X\ 10^7$ nm. que ficam retidas num papel de filtro. Tais como argila, areia, vários microrganismos de silicato. Os sólidos suspensos totais foram calculados pela fórmula e o resultado expresso em mg/1

Sólidos totais em suspensão = Sólidos totais-Sólidos totais dissolvidos (mg/l)

[v]   Amoníaco -

O amoníaco foi determinado pelo método de nesselarização (APHA 1985).[70] e os resultados foram determinados com a ajuda da curva de calibração em mg/l.

[vi]   Nitrato de azoto [NO3-N] -

O azoto nítrico na amostra de água foi determinado pelo método do ácido fenol dissulfónico (Sikander. M. 1986)/[156] O azoto nítrico reage com o ácido 12,4 fenol dissulfónico, nitro 2,4 fenol dissulfónico, que é convertido em sais de cor amarela na presença de álcali. A intensidade da cor amarela foi medida espectrofotometricamente a 410 nm.

Reagentes -

(i)   Ácido fenol dissulfónico: 25 g de fenol puro foram dissolvidos em 150 ml de H_2SO_4 concentrado e aquecidos em banho-maria durante duas horas.

(ii)   Hidróxidos de amónio (32%).

(iii)   Solução-mãe de nitrato 721,8 mg de KNO_3 anidro foi dissolvida em água destilada e diluída a 1000 ml.

(iv)   Solução padrão de nitrato: 4,0 ml de solução padrão de nitrato foram diluídos para 2000 ml. O valor de 1 ml foi equivalente a µg.20 g NO3-N.

Procedimento -

Tomou-se 100 ml de amostra de água e evaporou-se até à secura num banho de água. Dissolver o resíduo em 2 ml de ácido fenol dissulfónico, adicionar 5 ml de água destilada e 3,5 ml de amoníaco, desenvolver a cor amarela e medir a intensidade da cor amarela por espectofotometria digital (Systronics modelo 106) a 410 nm de comprimento de onda, a quantidade de nitrato de potássio da curva-padrão e o resultado exprime o NO3-N em mg/1 pela seguinte fórmula

$$Mg/l\ NO_3\text{-}N = \frac{mg\ N \times 1000}{ml.of\ sample}$$

$$Mg/l.\ N \times 4.43 = mg/l.\ NO_3$$

[vii]   Nitrogénio nitrito (NO2-N) -

50 ml de amostra e, simultaneamente com água destilada tomada como branco, adicionou-se 1 ml de solução de sulfonilamidas. Após 2 minutos, adicionou-se 1 ml de solução de cloridrato de Adicionou-se 1 ml de solução de dicloridrato de 1-naftiletileno diamina. A intensidade da cor rosa foi medida a 543 nm com a ajuda de um espetrofotómetro digital (Systronics modelo 106). A quantidade de NO2-

N foi determinada com a ajuda da curva padrão.

[viii] Fosfato-

A presença de fosfato na amostra foi estimada pelo método do azul molibdofosfórico reduzido "chorostanous".

Reagentes -

(i) Solução de ácido fosfórico: adicionou-se 300 ml de H2SO4 concentrado a 600 ml de água destilada e arrefeceu-se até se adicionar 4 ml de HNO3 concentrado e a solução foi diluída até 1,0 litro.

(ii) Regente de molibdato de amónio: 25 g de molibdato de amónio foram dissolvidos em 175,0 ml de água destilada. Adicionou-se 280 ml de H2SO4 concentrado a 400 ml de água destilada. A solução foi arrefecida e diluída para 1,0 litro.

(iii) Reagente de cloreto estanoso: 2,5 g de cloreto estanoso fresco foram dissolvidos em 100 ml de glicerol e aquecidos em banho-maria até à dissolução.

(iv) Indicador de fenolftaleína.

(v) Solução padrão de fosfato: 219,5 mg de di-hidrogenofosfato de potássio anidro foram dissolvidos em 1000 ml de água destilada. O valor de 1,0 ml de solução foi equivalente a 50 /zg de fosfato.

Procedimento -

Tomou-se 100 ml de amostra de água em duplicado com água destilada em branco e adicionou-se 1,0 gota do indicador heenolftaleína à solução.

Se aparecesse cor-de-rosa, a cor era

A solução de ácido forte foi descarregada. De seguida, adicionou-se 1 ml de ácido forte em excesso.

Em seguida, foram adicionados 4,0 ml de molibdato de amónio e 2,0 a 5,0 gotas de cloreto estanoso. A solução desenvolveu uma cor azul. A intensidade desta cor foi medida a 600 nm. Os valores de fosfato foram determinados com a ajuda da curva padrão da solução de di-hidrogenofosfato de potássio e o resultado expressa PO_4 - em mg/1 pela seguinte fórmula.

$$\text{Mg/l } PO_4\text{-} = \frac{\text{mg } PO_4\text{-} \times 1000}{\text{ml.of saple}}$$

[ix] Cloreto -

O teor de cloreto foi determinado em mg/1 pelo método argentométrico no laboratório, seguindo o método da (APHA, 1985).

Reagentes -

(i) Solução indicadora de cromato de potássio 5,0 gm. Dissolveu-se cromato de potássio num pouco de água destilada e adicionou-se solução de nitrato de prata até à formação de um precipitado de chumbo. Deixou-se a solução repousar durante 12 horas, filtrou-se e diluiu-se para 100 ml.

(ii)   Titulante padrão de nitrato de prata (0,0141 N) 2,395 g de AgNCh foram dissolvidos em água destilada e diluídos para 1,0 litro. A solução foi padronizada contra uma solução padrão de cloreto de sódio.

(iii)   Dissolveu-se cloreto de sódio padrão (0,014 N) 824,1 mg de NaCl (seco a 140° C) em água sem cloretos e diluiu-se para 1,0 litro.

Procedimento -

Tomou-se uma amostra de água de 100 ml ou uma porção diluída a 100 ml e titulou-se com a solução-padrão de nitrato de prata na presença de cromato de potássio. O ponto final foi indicado pela cor vermelho-tijolo do cromato de prata. Procedeu-se também a um ensaio em branco, obtendo-se simultaneamente os valores através da seguinte fórmula (159)

$$\text{Chloried mg/l} = \frac{(A - B \times N \times 35.45 \times 1000)}{ml.\,of\,sample}$$

onde,

A = ml de titulante para a amostra.

B = ml de titulante para o branco.

C = Normalidade de mg de AgNOs titulado (0,0141 N).

[x]   Alcalinidade total -

As propriedades da alcalinidade numa água são geralmente importantes pela presença de bicarbonato, hidróxido de carbonato e menos frequentemente por borato, silicato e fosfato. A alcalinidade da amostra de água foi determinada titulando a amostra com uma solução padrão de ácido forte (0,02 N H H_2SO_4), fenolftaleína e alaranjado de metilo como indicadores. Previsto em APHA (1986). (70)

Reagente -

(i)   Ácido sulfúrico padrão (0,0200N): 6 ml de H_2SO_4 concentrado, diluindo para 1,0 litro. Padronizado contra Na_2CO_3 anidro puro.

(ii)   Solução indicadora de fenolftaleína : Dissolver 5 g de fenolftaleína em 500 ml de álcool etílico e adicionar 500 ml de água destilada. Em seguida, adicionar NaOH 0,02 N, gota a gota, até ao aparecimento da cor rosa.

(iii)   Indicador alaranjado de metilo: Dissolver 0,5 g de alaranjado de metilo em 1,0 litro de água destilada.

(iv)   Solução-padrão de carbonato de sódio (0,0454 N).

Procedimento -

(i)   Alcalinidade da fenolftaleína: adicionar 0,1 ml (2 gotas) do indicador de fenolftaleína a 100 ml de amostra de água. Titular durante algum tempo com H_2SO_4 0,0200 N. O ponto final foi registado no momento do desaparecimento da cor rosa a pH 8,3

(ii)   Alcalinidade total pelo indicador alaranjado de metilo: Adicionar 0,1 ml (2 gotas) do indicador em que a alcalinidade da fenolftaleína foi determinada ou a uma amostra. Titular sobre uma superfície branca com 0,0200N H2 SO4 até ao ponto equivalente correto. O indicador muda para cor de laranja a pH 4,6 e para cor-de-rosa a pH 4,0 e o valor foi calculado pela seguinte fórmula (161)

$$\text{Total alkalinity of mg/l } CaCO_3 = \frac{Total\ ml\ of\ standard\ acid \times 1000}{ml.of\ samlpe}$$

[xi] Dureza total -

A dureza da água é devida à presença de carbonato, bicarbonato, cloreto e sulfato de iões de cálcio e magnésio, que foi analisada pelo método titulométrico EDTA. (162)

Reagentes -

(i)   Ácido clorídrico.

(ii)   Peróxido de hidrogénio.

(iii)   Ácido nítrico concentrado.

(iv)   Titulante padrão E.D.T.A 0,01 N: 3,723 g de EDTA de sódio foram dissolvidos em água destilada e diluídos para 1000 ml e padronizados em relação à solução padrão de cálcio.

(v)   Mistura indicadora de ericrómio negro-T: Preparou-se uma mistura seca de 0,5 g de ericrómio branco-T e 100 g de NaCl.

(vi)   Solução tampão: 1,179 g de EDTA sódico e 780 mg de MgSCU 7 H2O foram dissolvidos em 50 ml de água destilada. Esta solução foi adicionada à mistura de 16,9 gm. NH4 Cl em 143 ml de NH4 OH. Finalmente, a solução foi diluída a 250 ml com água destilada.

(vii)   Solução-padrão de cálcio: 1,0 g de CaCOa anidro foi introduzido num balão de 500 ml, adicionou-se 1+1 HC1 para a dissolução e, em seguida, 200 ml de água destilada e ferveu-se durante alguns minutos para expelir o CO2. A solução foi arrefecida e adicionaram-se algumas gotas de indicador vermelho de metilo. A cor laranja intermédia foi ajustada pela adição de (1+1) HC1; e a solução foi diluída para 100 ml. A solução era equivalente a 1 mg de CaCO3 mg-1

Procedimento -

(i) Pré-tratamento da amostra : 100 ml de amostra de água foram recolhidos para o pré-tratamento. A amostra foi acidificada com HNO3 e evaporada até à secura num banho de vapor. Em seguida, adicionou-se 25 ml de HNO3 concentrado e aqueceu-se até quase à ebulição. Aqueceu-se continuamente, adicionando HNO3 e H2O2 até à formação de um resíduo branco. O resíduo branco seco foi dissolvido numa solução quente (1+1) de HC1, filtrado e neutralizado com NH4OH. Finalmente, o volume foi ajustado para 100 ml.

(ii) Titulação: Tomou-se 25 ml da solução pré-tratada e diluiu-se para 50 ml com água destilada, adicionou-se 1 ml de solução tampão para elevar o pH para 10,0. Adicionou-se uma pitada de indicador preto de ericrómio -T, que dá a cor de rabanete. Esta solução foi titulada com uma solução padrão de EDTA de 0,01 N. O ponto final foi indicado pela mudança brusca da cor vermelha para azul. A dureza total foi calculada como

$$\text{Total alkalinity of mg/l } CaCO_3 = \frac{ml \ of \ titrant \times 1000}{ml.of \ samlpe}$$

[xii] Dureza cálcica

A dureza cálcica da amostra de água foi analisada pelo método titulométrico EDTA compleximétrico, conforme prescrito.

Reagentes -

    (i)   Titulante padrão de EDTA (0,01 N).

    (ii)   Indicador de potência de perpurato de amónio.

    (iii)Solução de hidróxido de sódio (0,1 N)

Procedimento -

O pré-tratamento da amostra foi efectuado de forma semelhante à determinação da dureza total. Tomou-se 0,25 ml de amostra pré-tratada e adicionaram-se 2 ml de NaOH (0,1N) para elevar o pH até 13. Em seguida, adicionou-se uma pitada de indicador de perpurato de amónio. Esta solução foi titulada com a solução padrão de EDTA. O ponto final foi indicado pela mudança de cor de rosa para púrpura. Os resultados foram calculados pela seguinte fórmula e expressos em mg/1.

$$\text{Calcium hardness of mg/l } CaCO_3 = \frac{ml \ of \ titrant \times 1000}{ml.of \ samlpe}$$

[xiii] Dureza do magnésio -

A dureza do magnésio foi estimada pela seguinte fórmula e o resultado expresso em mg/L

Dureza Mg = Dureza total - Dureza cálcica

[xiv] Carência Bioquímica de Oxigénio (CBO) -

A carência bioquímica de oxigénio é a quantidade de oxigénio requerida por um volume definido de efluente líquido para oxidar a matéria orgânica nele contida por microrganismos em condições específicas. A CBO na amostra de água foi determinada em mg/1 pelo método prescrito em APHA (1985)[70] . A medição da CBO da amostra de água foi feita através da determinação da diferença da concentração de oxigénio na amostra antes e depois da incubação. A incubação foi efectuada a 20°C na incubadora de CBO durante 5 dias.

Reagente -

    (i)   Solução tampão de fosfato : Dissolver 8,5 g de KH2PO4, 21,75 g de K2HPO4, 33,4 g de Na HPO 7H$_{242}$ O e 1,7 g de NH4CI em cerca de 500 ml de água destilada e diluir até 1 litro. O pH deste tampão deve ser de 7,2 sem qualquer outro ajustamento.

    (ii)   Solução de sulfato de magnésio : Dissolver 22,5 g de MgSO47H2O em água destilada e diluir até 1 litro.

(iii)   Água destilada: A água utilizada para a solução e para a preparação da água de diluição deve ser da melhor qualidade, conter menos de 0,01 gm/l. de cobre e estar isenta de cloro, cloraminas, alcalinidade cósmica ou ácidos.

(iv)   Solução de cloreto de cálcio : Dissolver 27,5 g de $CaCl_2$ anidro em água destilada diluída a 1 litro.

(v)   Solução de cloreto férrico : Dissolver 0,25 g de cloreto férrico em água destilada e diluir 1 litro.

(vi)   Solução ácida e alcalina: Aproximadamente IN: para a neutralização de amostras de resíduos custicos ou ácidos.

(vii)   Solução ácida e alcalina: (cerca de 0,025 N): Dissolveu-se 1,557 gm de Na_2SO_3 anidro em 1000 ml de água destilada. Esta solução não é estável e deve ser preparada com frequência.

(viii)   Material de sementeira.

(ix)   Solução de sulfato de manganês.

(x)   Reagentes iodados alcalinos.

(xi) H_2SO_4 concentrado

(xii)   Solução indicadora de amido.

(xiii)   Solução padrão de tiossulfato de sódio (0,025N)

(xiv)   Solução padrão de dicromato de potássio (0,025N)

Procedimento -

(i)   Preparação da água de diluição: A água destilada utilizada deve estar o mais próximo possível de 20°C e ser da mais alta pureza. Colocar o volume desejado de água destilada num frasco adequado e adicionar 1 ml de solução tampão de fosfato, sulfato de magnésio, cloreto de cálcio e cloreto férrico por cada litro de água

(ii)   Semear a água de diluição, se necessário, adicionando 1 a 10 ml de esgoto doméstico sedimentado com 24 a 36 horas de idade por litro. Se se pretender utilizar a água do rio para efeitos de sementeira, devem ser utilizados 10-50 ml de água do rio/litro.

Pré-tratamento -

As amostras que contenham alcalinidade ou acidez cósmicas devem ser neutralizadas a pH 7,0 com INH_2SO_4 ou NaOH, utilizando um medidor de pH.

O pH da água de diluição semeada não deve ser alterado pela preparação da menor diluição da amostra. Arejamento da água de diluição com ar comprimido.

A amostra de água recentemente recolhida foi diluída para obter uma quantidade mensurável de 02 após 5 dias de incubação. Esta amostra foi enchida em dois conjuntos de garrafas de CBO, um conjunto em branco e outro com a amostra diluída. A concentração inicial de oxigénio foi determinada imediatamente em cada conjunto de garrafas. As garrafas restantes foram incubadas na incubadora de CBO a 20°C durante 5 dias e, em seguida, a concentração de oxigénio foi novamente determinada com a ajuda do método de modificação lateral winkier a e os resultados expressos em mg/1 utilizando a seguinte fórmula.

$$\text{BOD (5 day of 20°C) mg/l} = \frac{(D_1 - D_2) - (C_1 - C_2) \times F}{P}$$

Onde,

Di = Teor inicial de oxigénio dissolvido da amostra diluída

D2 = Teor de oxigénio dissolvido da amostra diluída após incubação.

Ci = Teor inicial dissolvido da água de diluição semeada

Ci= Teor de oxigénio dissolvido da água de diluição semeada após incubação.

P = Fração decimal da amostra utilizada.

F = Razão entre as sementes da amostra e as sementes da testemunha, ou seja, percentagem de sementes em DI dividida pela percentagem de sementes em Ci.

[xv] Carência química de oxigénio (CQO) -

A CQO foi determinada pelo método de refluxo do dicromato (APHA, 1985).

    (i)   Solução-padrão de dicromato de potássio (0,250N).

    (ii)   Ácido sulfúrico concentrado.

    (iii)   Sulfato de mercúrio.

    (iv)   Solução indicadora de ferroína.

    (v)   Sulfato de prata.

    (vi)   Titulante padrão de sulfato ferroso de amónio (0,1N) padronizado contra solução padrão de dicromato de potássio.

Procedimento -

Para a determinação da CQO, foram colhidos 50 ml de amostra de água num balão de fundo redondo, com uma corrida simultânea de água destilada em branco. Adicionou-se um fundo de HgSO4 e sulfato de prata à solução para eliminar o cloreto e os hidrocarbonetos e adicionou-se 25 ml de solução de dicromato padrão. Adicionou-se 75 ml de concentração de $H^2 SO^4$ na proporção de 2:1:3, misturando cuidadosamente após cada adição.

O balão foi ligado ao condensador e a mistura foi refluxada durante 2 horas, tendo sido adicionadas esferas de vidro ao refluxo durante 2 horas. Foram adicionadas esferas de vidro à mistura de refluxo para evitar choques. A mistura refluxada foi arrefecida e diluída cerca do dobro do seu volume. O excesso de dicromato foi titulado contra o padrão de sulfato ferroso de amónio utilizando ferroína como indicador. O ponto final da titulação foi indicado por uma mudança brusca de cor, de azul-esverdeado para castanho-avermelhado. A CQO foi calculada como.

$$\text{COD mg/l} \quad = \quad \frac{(a-b) \times N \times 8000}{ml \; of \; sample}$$

a = ml de titulante utilizado no branco.

b = ml de titulante para a amostra.

N = Normalidade do titulante.

3.5 INVESTIGAÇÃO DE METAIS PESADOS
METAIS PESADOS
INTRODUÇÃO

A concentração mais elevada de alguns elementos com potencial tóxico nas águas residuais dos canais de efluentes industriais pode limitar a sua utilização para fins agrícolas (Adhikari e Gupta 1993). Mesmo os efluentes industriais têm sido reportados como contendo uma concentração mais elevada de elementos tóxicos (David e Jacknow (1975). Em geral, os efluentes são libertados nos rios e lagos sem tratamento ou com tratamento parcial.

Há muito que se sabe que a poluição proveniente de muitas actividades industriais e domésticas constitui um problema de saúde muito significativo e devastador para os animais e os seres humanos. O equilíbrio biológico é gravemente afetado e, nalguns casos, totalmente perturbado.

Muitos dos metais mais úteis são tóxicos e o preço da sua utilidade tem sido elevado. O aumento da procura de metais de todos os tipos que se seguiu à revolução industrial foi acompanhado pelo aparecimento de doenças profissionais induzidas por metais a uma escala enorme. A poluição dos sistemas de águas superficiais e subterrâneas através de actividades antroposénicas é um dos principais problemas ambientais enfrentados em todo o mundo. Embora tenham sido efectuados numerosos estudos sobre a poluição das águas fluviais e superficiais nos países desenvolvidos, existe muito pouca informação disponível sobre a situação nos países em desenvolvimento, onde a sensibilização do público para a qualidade ambiental é fraca.

O presente estudo teve como objetivo avaliar a influência do aterro e das descargas industriais na qualidade das águas do rio durante 1997 e 1998.

Os níveis de vários parâmetros de qualidade da água foram medidos na irmã de amostragem, os metais vestigiais e pesados foram extraídos do rio utilizando amilmetilcetona após quelação com ditiocarbonato de amónio e pirrolidina.

O aumento dos níveis de acumulação de metais pesados na água e no solo leva ao aumento da sua absorção pelas plantas. A aplicação de águas residuais pode melhorar o rendimento do crescimento, mas pode levar à acumulação de níveis tóxicos de metais pesados no solo e nas partes das plantas. Por conseguinte, é necessário estudar a presença e a concentração de metais pesados nos esgotos e efluentes que confluem na água do rio antes da sua aplicação na irrigação das culturas. Na Índia, são escassos os dados relativos à análise dos esgotos e dos solos para deteção de metais pesados.

Estações de amostragem -

Foram selecionadas três estações de amostragem do rio Hasdeo para análise de metais pesados. Central térmica NTPC. BCCP, MPEB (E), MPEB (W), misturando os efluentes no rio. As amostras foram colhidas primeiro a montante do rio Hasdeo, na aldeia de Lotiota (Si). Em seguida, os efluentes da MPEB(W) são misturados no rio perto da aldeia de Lotiota. Perto de Charpara, os efluentes da NTPC misturam-se no rio Hasdeo. O ponto de confluência de Dengur Nallah e o rio Ahiran confluem perto de Dagania Khar. Depois disso, o Jhariya nallah mistura-se na aldeia de Dagania Khar. Por conseguinte, a MPEB(E) e a BCCP também misturam o rio Hasdeo. As amostras colhidas nesta estação são (S2). A jusante do rio, perto da aldeia de Urga, encontra-se a terceira estação (S3).

Método de recolha e investigação da amostra

Os metais pesados foram estimados a partir das amostras de água do rio. Foram utilizados os seguintes métodos. As amostras foram colhidas em três locais de amostragem, a montante, a meio e a jusante do rio, para determinação dos metais pesados. As amostras foram analisadas apenas durante um mês. As amostras foram filtradas e 50 ml de água do rio foram colocados em recipientes de polietileno, tendo sido adicionadas 5 gotas de clorofórmio para preservação. As amostras conservadas foram levadas para análise. O espetrofotómetro foi utilizado para a determinação. Os resultados são expressos em mg/1.

Digestão ácida preliminar das amostras -

Uma vez que os metais têm tendência para formar facilmente complexos com os constituintes orgânicos, é necessário destruí-los por digestão com ácidos fortes. Esta digestão ácida preliminar não só destrói a matéria orgânica, como também leva à solução todos os compostos metálicos em suspensão(215). As interferências devidas ao nitrito, cianeto, sulfureto e tiossulfato são também eliminadas durante a digestão. Os processos de digestão da amostra com os ácidos nítrico e sulfúrico e com os ácidos nítrico e perclórico são aqui apresentados, mas certos metais requerem um tratamento especial.

Digestão com ácido nítrico e sulfúrico

Colocar um volume adequado da amostra bem misturada num disco de evaporação. Acidificar a alaranjado de metilo com H_2SO_4 concentrado e 5 ml de HNO_3 concentrado e 2 ml de peróxido de hidrogénio a 30% para reduzir a cromato. Evaporar em banho-maria até cerca de 10 ml, transferindo para um recipiente

Preparar um erlenmeyer de 125 ml com 5 ml de HNO_3 concentrado. Adicionar 10 ml de H_2SO_4 concentrado e algumas esferas de vidro. Evaporar sobre uma placa de aquecimento até que apareçam no balão fumos brancos e densos caraterísticos do SO_3. Arrefecer até à temperatura ambiente, adicionar 50 ml de água destilada, ferver para dissolver os sólidos eventualmente presentes e filtrar através de um cadinho de vidro sinterizado. Transferir o filtrado para um balão volumétrico de 100 ml e completar o volume com água destilada. A solução resultante é 3N em H2SO4. Utilizar a solução para a determinação dos metais.

MÉTODO DE ANÁLISE

ARSENIC

A ocorrência de arsénio em águas naturais é rara. Pode ocorrer como resultado da dissolução de minerais. Descargas industriais ou aplicações de pesticidas. Pode ser determinado com maior precisão pelo seguinte método do dietil ditiocarbamato de prata, utilizando um aparelho de estimativa de arsénio modificado concebido pela NEERI

Métodos do ditiocabamato de prata -

Princípio -

O arsénio inorgânico é reduzido pelo zinco em solução ácida a arsina, que é observada em solução de ditiocarbamato de prata para formar um complexo vermelho e é medida calorimetricamente a 535 nm.

Reagentes -

i. Solução de iodeto de potássio a 5% - Dissolver 15 g de iodeto de potássio em 100 ml de água destilada.

ii. Solução de acetato de chumbo a 10% - Dissolver 10 g de acetato de chumbo em 100 ml de água destilada.

iii. Solução de dietil ditiocarbamato de prata a 0,5% - Dissolver 0,5 g de dietil ditiocarbamato de prata em 100 ml de piridina.

iv. Ácido clorídrico concentrado.

v. Reagente de cloreto estanoso - Dissolver 40 g de árvore de arsénio SnCh. 2H2O em 100 ml de HC1 concentrado.

vi. Solução-mãe de arsénio - Dissolver 1,320 g de trióxido de arsénio AS2O3 em 10 ml de água destilada com 4 g de NaOH e diluir para 1000 ml com água destilada.

vii. Solução intermédia de arsénio - Diluir 10 ml da solução-mãe de arsénio em 1000 ml de água destilada.

viii. Solução-padrão de arsénio - Diluir 10 ml de solução intermédia para 100 ml com água destilada.

Procedimento -

i. Colocar a solução padrão de arsénio na pipeta 1.0, 2.   010.0 ml e diluir para 50 ml com água destilada.

ii. Adicionar 5 ml de HC1 concentrado. 2 ml de solução de iodeto de potássio e 8 gotas de solução de cloreto estanoso, misturando bem após cada gota de cloreto estanoso. Aguardar 15 minutos para a redução completa de As^v a As .[ni]

iii. Entretanto, impregnar a lã de vidro do purificador com uma solução de acetato de chumbo.

iv. Introduzir 4,0 ml de reagente de dietil ditiocarbamato de prata no tubo de absorção e ligar o gerador.

v. Após 15 minutos, adicionar 3 g de zinco ao gerador, abrindo a rolha. Aguardar 39 minutos para a evolução completa da arsina.

vi. Verter a solução do absorvente diretamente para uma célula 1 e medir a absorvância da solução a 535 nm por espetrofotometria.

vii. Preparar uma curva de calibração.

CADMIUM -

Os sais de cádmio encontram-se normalmente nos resíduos das indústrias de galvanoplastia, impressão têxtil, fábricas de pigmentos, minas de chumbo e indústrias químicas. Estes efluentes, quando descarregados em cursos de água, contribuem com cádmio. O seguinte método da ditizona é aplicável a águas brutas, potáveis e a algumas águas residuais que contenham poucas substâncias interferentes.

Método da ditizona
Reagente -

(i) Solução-mãe de cádmio - Dissolver 100 mg de cádmio metálico puro em 50 ml. Solução de ácido nítrico a 10% num copo de 250 ml. Ferver para expulsar os óxidos de azoto e completar o volume até 1000 ml num balão volumétrico.

(ii) Solução de trabalho de cádmio - Pipetar 10 ml de solução de cádmio para um balão volumétrico de 100 ml e completar o volume com ácido nítrico a 1%.

(iii) Solução indicadora de azul de timol - Dissolver 400 mg de timol sulfonaftaleína de sódio.

Solução de Azida de Sódio -

Dissolver 500 mg de azida sódica NaNs em 100 ml de água destilada sem crómio.

Reagente -

Para a destruição da natureza orgânica

[1] Sulfito de sódio

[2] Ácido sulfúrico concentrado

[3] Ácido nítrico concentrado

[4] Solução de oxalato de amónio

[5] Solução concentrada de amoníaco

Procedimento -

Amostra contendo matéria orgânica :

Destruir primeiro a matéria orgânica, como se descreve a seguir. Colocar um volume adequado da amostra que não contenha mais de 50/zg de Cr num balão de Kjeldal de 250 ml. Dissolver 100 mg de sódio e adicionar 2 ml de H2SO4 concentrado. Evaporar até à formação de fumos brancos. Se a matéria orgânica for difícil de destruir, adicionar 1 a 2 ml de HNO3 concentrado, gota a gota. Adicionar 10 ml de solução de oxalato de amónio e evaporar até à formação de um mínimo de líquido ácido residual. Arrefecer e diluir com 10 ml de água destilada e transferir o conteúdo. Transferir o conteúdo do balão de Kjeldal para um balão volumétrico de 25 ml e completar o volume até essa marca. Colocar a totalidade da solução num copo de 50 ml. Neutralizar com amoníaco concentrado e proceder à determinação do crómio total nas águas residuais.

Colocar um volume adequado da amostra num copo de 400 ml. Adicionar 500 mg de cloridrato de hidroxilamina e deixar ferver. Durante a ebulição, adicionar 2 ml de uma solução de alumínio e neutralizar com amoníaco utilizando o indicador fenolftaleína. Lavar com solução de nitrato de amoníaco a 1%. Deitar 40 ml de H2SO4 a quente. 05N de H2SO4 quente para o ppt. e recolher separadamente num copo de 100 ml. Adicionar gota a gota a solução de KMNO4 0,1 N até obter uma cor rosa permanente. Aquecer em banho-maria durante 20 minutos. Adicionar solução de azida de sódio a 0,5%, gota a gota, até obter uma coloração cor-de-rosa. Arrefecer e transferir para um balão volumétrico de 100 ml, adicionar 5 ml de solução de bifenilcarbazida e misturar bem. Após 1 minuto, adicionar 10 ml de solução de NaiHPCU e misturar bem com água. Medir a 540 nm no espaço de 30 minutos. Desenhar uma curva de calibração.

COBRE (Cu) -

O cobre é raramente encontrado em águas naturais e quando a quantidade excede 0,05 mg/1, é atribuível à ação corrosiva da água em tubos de cobre e latão, a efluentes industriais ou frequentemente à utilização de compostos de cobre no controlo do crescimento de algas ou plânctons indesejáveis em reservatórios.

A determinação do cobre na água industrial é necessária para monitorizar a corrosão dos acessórios e tubos de cobre e de ligas de cobre.

Concentrar o HNO3. Após o abrandamento da reação, aquecer suavemente e expelir os óxidos de azoto. Arrefecer e adicionar 50 ml de água, transferir para um balão volumétrico de 1000 ml e completar o volume com água destilada.

    [6]   Solução-padrão de cobre - 50,0 ml de solução-mãe misturada com 1000 ml. Balão

    [7]   Iso - álcool propílico.

Procedimento -

    1) Colocar 50 ml da amostra e adicionar 1 ml de HCI concentrado. Ferver suavemente durante

cerca de 10 minutos e arrefecer à temperatura ambiente, transferindo para uma ampola de decantação de 125 ml.

2) Pipetar para uma série de funis de decantação uma solução-padrão de cobre que cubra as gamas de 5 /zg a 100 5 /zg. Incluir uma ampola de decantação para servir de branco. Diluir o conteúdo de cada ampola de decantação para 50 ml com água destilada e adicionar 0,1 ml de HCI concentrado.

3) Aos padrões de amostra e ao branco adicionar 5 ml de solução de NH2OH. HCI, 10 ml de solução de citrato de sódio e 10 ml de solução de neocuprain, agitando os funis durante 30 segundos para cada adição.

4) Adicionar 20 ml de clorofórmio e agitar o funil. Deixar separar as fases e drenar a camada de clorofórmio para tubos de Nessler de 50 ml. Tubos de Nessler de 50 ml, caso se pretenda efetuar uma comparação visual. Extrair com outra porção de 20 ml de clorofórmio e juntar ao primeiro extrato de clorofórmio para perfazer 50 ml. Álcool isopropílico.

5) Comparar visualmente a cor da amostra com a dos padrões. Amostras utilizando o branco como referência a 457 nm, com um percurso luminoso de 1 cm.

6) Preparar uma curva de calibração utilizando papel milimétrico.

LÍDER-

O chumbo não se encontra praticamente em nenhuma água natural. Se o chumbo estiver presente num abastecimento de água, pode dever-se a reacções de corrosão e à contaminação de resíduos. As águas de minas, as águas de galvanoplastia e o contacto com tubagens de chumbo ou compostos de juntas com chumbo contêm normalmente chumbo. Uma vez que o chumbo é um veneno cumulativo, a sua determinação em águas potáveis é importante para utilizações industriais, o chumbo não é normalmente um problema significativo. (219)

Método da ditizona-

Este método é aplicável às águas potáveis, às águas poluídas e às águas residuais.

Reagente -

1. Solução de amoníaco (0,5 N) - Diluir 3,5 ml de solução de amoníaco em 100 ml de água.

2. Solução-mãe de ditizona - 0,1% dissolver 0,1 g de ditizona em 100 ml de clorofórmio. Guardar num frasco e conservar em local fresco.

3. Solução de trabalho de ditizona - Transferir 12 ml de solução-mãe de ditizona para uma ampola de decantação de 100 ml. Adicionar 20 ml de solução de amoníaco 0,5 N e agitar bem. Deixar separar as fases e rejeitar a camada mais pesada de clorofórmio, filtrando-a.

4. Solução de hexametafosfato de sódio - 10% dissolver 10 g de hexametafosfato de sódio em 100 ml de água destilada.

5. Solução de cloridrato de hidroxilamina - 1% dissolver Igm, NH2OH HCI em 100 ml de água

destilada.

6. Solução alcalina de cianeto - preparar uma mistura contendo 340 ml de amoníaco e 680 ml de água. Dissolver 3,0 g de sulfato de sódio e adicionar 30 ml de solução de cianeto de porássio a 1%. Solução de cianetos de porássio a 1% e misturar bem, manter o frasco fechado.

7. Solução-mãe de chumbo - Dissolver 1,599 g de nitrato de chumbo numa pequena quantidade de água. Adicionar 10 ml de ácido nítrico concentrado e completar o volume até 1000 ml.

8. Solução de trabalho em terra - Diluir 10 ml da solução-mãe acima referida para 1000 ml.

Procedimento -

(i) Colocar 50 ml de água destilada sem chumbo numa série de ampolas de decantação de haste curta. Pipetar 0,0, 1,0 ml, 1,5 ml e 2,0 ml de solução de trabalho de chumbo.

(ii) Adicionar os seguintes reagentes, por ordem, agitando após cada adição 1,0 ml de solução de hexametafosfato de sódio 1,0 ml de solução de cloridrato de hidroxilamina 30 ml de solução de cianeto alcalino 1,5 ml de solução de trabalho de ditizona e 10 ml de clorofórmio.

(iii) Agitar vigorosamente o funil e deixar que a camada se separe para baixo da camada de clorofórmio na célula ótica.

(iv) Medir as densidades ópticas com um espetrofotómetro a 510 nm.

MANGANÊS -

O manganês encontra-se nos solos e nas rochas sob a forma de dióxido de manganês e pode ser dissolvido nas águas naturais pela ação de bactérias anaeróbias.

Método do persulfato-

Este método é aplicável às águas potáveis, às águas tratadas e às águas residuais.

Reagentes -

(1) Solução-padrão de manganês - Dissolver 2,000 g de manganês metálico de pureza ligeira em 100 ml de ácido sulfúrico a 7%. Ácido sulfúrico a 7% Arrefecer e perfazer 1000 ml num balão volumétrico pipetar 25,0 desta solução num balão volumétrico de 1000 ml e perfazer com água destilada.

(2) Reagente especial - Adicionar 400 ml de HNO3 concentrado a 200 ml de água destilada num copo de 2000 ml. Dissolver 75 g de sulfato de mercúrio, HgSO4. Adicionar 200 ml de ácido fosfórico a 85%, H3PO4, e 35 mg de nitrato de prata, Ag NO3, e diluir a solução para 1000 ml.

(3) Persulfato de amoníaco.

Procedimento -

Tomar um pouco da amostra e evaporar, dissolver, adicionar 5 ml de HCI concentrado e evaporar até cerca de 25 ml de digestão no ponto de ebulição para dissolver as partículas e evaporar novamente até à secura. Arrefecer e adicionar 5 ml de H2SO4 concentrado e 10 ml de HNO3 concentrado, misturar bem e evaporar até aparecerem vapores brancos e densos de trióxido de sulfureto. Adicionar mais 10 ml de HNO3 concentrado e evaporar até à formação de fumos brancos e densos. Arrefecer e adicionar 40 ml de água destilada, aquecer e filtrar com cadinho sinterizado e perfazer 100 ml com água destilada. Colocar esta solução num copo de 250 ml, adicionar 5 ml de reagente especial e diluir até cerca de 100 ml.

SELÉNIO -

A infiltração em solos seleníferos e os efluentes industriais contribuem com selénio para a água. A concentração de selénio na maioria das águas é geralmente muito inferior.

Método de redução -

O método de redução para a determinação do selénio em águas e efluentes industriais não necessita de destilação e evita a utilização de reagentes cancerígenos.

Reagentes -

(1) Materiais de permuta iónica - (A) Zeo - carb 225

(B) De acidite FF

(2) Ácido clorídrico -

   (1) HCl 0,2N - Adicionar 42 ml de HCl concentrado a 458 ml de água destilada.

   (2) HCl 0.2 - Diluir 50 ml de HCl 2 N para 500 ml com água destilada.

   (3) Hidróxido de sódio - (IN) dissolver 40 g de NaOH em 1000 ml de água destilada.

   (4) Agente redutor - Utilizar ácido ascórbico ou sulfato de hidrazina para cada 100 concentrados de selénio e para cada 100 amostras de água, utilizar ácido ascórbico e, para concentrados e efluentes mais elevados, preferir sulfato de hidrazina.

   (5) Solução-mãe de selénio - Dissolver 219 mg de selenito de sódio Na2SeO3 em água e perfazer 100 ml.

   (6) Solução padrão de selénio - introduzir 10 ml de solução-mãe num balão volumétrico de 1000 ml e completar com água destilada.

Procedimento -

1) Evaporar num copo um volume adequado da amostra que contém selénio. Diluir a 20 ml de água destilada.

2) Passar através da coluna de zeo carb e recolher o eluato num copo. Lavar a coluna cinco vezes com porções de 10 ml de água destilada e recolher os eluatos no mesmo copo.

3) Passar os eluatos combinados pela coluna de acidite e lavar a coluna cinco vezes com uma porção de 10 ml de água destilada. Rejeitar o eluato.

4) Passar através da coluna de acidite com uma porção de 10 ml de solução de hidróxido de sódio 1 N e rejeitar o eluato.

5) Evaporar até cerca de 20 ml, por agitação em banho-maria, e diluir com exatidão até 25 ml, diluídos até 10 ml, num tubo de ensaio grande com 50 ml de capacidade.

6) Medir simultaneamente 1,0, 2,0, 4,0, 6,0, 10,0 ml de solução-padrão de selénio em tubos de ensaio grandes de 50 ml de capacidade, completados com 10 ml de água destilada. Incluir 10 ml de água destilada como branco.

7) Adicionar a cada tubo 10 ml de HCI concentrado e aquecer em banho-maria a 45°C, mergulhando os tubos em água. Adicionar 0,4 g de ácido ascórbico e 0,2 g de mistura de sulfato de hidrazina em pó. Manter os tubos a 45°C durante uma hora

8) Medir a cor do branco, dos padrões e das amostras utilizando o espetrofotómetro no comprimento de onda de 540 nm.

9) Traçar uma curva de calibração e determinar o miligrama de selénio da amostra.

ZING-

O zinco encontra-se normalmente em pequenas quantidades no abastecimento doméstico de água e nas águas industriais devido à corrosão do ferro galvanizado e do latão nos sistemas de condensação, arrefecimento e distribuição. O zinco também pode entrar num abastecimento de água através da descarga de efluentes industriais, tais como resíduos de galvanização e de zincagem(220).

São apresentados dois métodos que utilizam a ditizona como agente complexante.

Método da ditizona com -

BIS-2 Hidroxi etil ditiocarbamato. Este método é aplicável a águas poluídas e a águas residuais.

Reagente -

1) Solução indicadora de vermelho de metilo - Dissolver 0,1 g de sal de sódio de vermelho de metilo e diluir a 1000 ml com água destilada.

2) Solução de citrato de sódio - Dissolver 10 g de citrato de sódio em 90 ml de água destilada sem zinco.

3) Solução concentrada de amoníaco.

4) Solução de cianeto de potássio - Dissolver 5 g de cianeto de potássio em 100 ml de água destilada.

5) Concentrado de ácido acético.

6) Solução de ditiocarbamato de bis (2-hidroxi etilo) - Dissolver 4,0 g de dietanol amina e 1 ml de dissulfuretos de carbono, Cs_2, em 40 ml de álcool metílico, preparar de fresco.

7) Solução-mãe de ditizona - Dissolver 50 g de ditizona num pouco de tetracloreto de carbono e completar a 200 ml com CCI_4.

8) Solução de sulfureto de sódio - I - Dissolver 3,0 gm de $Na_2S.9H_2O$ ou 1,65 gm de $Na_2S.3H_2O$ em 100 ml de água destilada isenta de zinco.

9) Solução de sulfureto de sódio - II - Diluir 4,0 ml da solução de sulfureto de sódio - I acima referida para 100 ml com água destilada, preparar imediatamente antes da utilização.

10) Solução de trabalho de ditizona - Diluir a solução-mãe de ditizona da pilha de 50 ml para 250 ml com CCI4.

11) Solução-mãe de zinco - Dissolver 100 mg de zinco metálico fresco em cerca de 1 ml de HCI 1+1. Completar o volume até 1000 ml num balão volumétrico e completar com água destilada.

12) Solução de trabalho de zinco - Pipetar 10 ml de solução-mãe de zinco para um balão volumétrico de 1000 ml e completar com água destilada.

Procedimento -

1) 0,125 ml de ampolas de decantação com um volume adequado de solução de trabalho de zinco para cobrir a gama de valores até 40 /zg de zinco. Ajustar o volume a 20 ml, incluindo uma ampola de decantação com 20 ml de água isenta de zinco como branco.

2) Colocar numa ampola de decantação uma alíquota da amostra digerida com ácido e ajustar o volume a 20 ml.

3) Aos padrões em branco e à amostra, adicionar 2 gotas de indicador vermelho de metilo e 2 ml de solução de citrato de sódio; se o indicador não estiver amarelo nesta altura, adicionar solução concentrada de amoníaco, gota a gota, até o indicador ficar amarelo. Adicionar 1 ml de solução de KCN. Adicionar ácido acético concentrado, gota a gota, até que a solução adquira uma coloração neutra.

4) Adicionar 5 ml de CCI4 à ampola de decantação e extrair o vermelho de metilo. Eliminar a camada amarela de CCI4.

5) Adicionar 1 ml de solução de ditiocarbamato, agitar bem e 10 ml de solução de ditizona de trabalho. Transferir a camada de CCI4 para outra ampola de decantação com 5 ml de solução de ditizona de trabalho, até que o último extrato permaneça verde.

6) Adicionar 10 ml de solução de sulfureto de sódio II aos extractos combinados de CCI4 no túnel de separação. Agitar bem, lavar a camada de CCI4 com novas porções de 10 ml de solução de sulfureto de sódio II até à remoção completa da ditizona não tratada.

7) Transferir a camada de CCI4 para um balão volumétrico de 50 ml, depois de ter retirado a água do funil com um cotonete, completando-a com CCI4.

8) Determinar a absorvância da amostra de padrões a 535 nm na curva de calibração da placa. Determinar os mg de zinco na amostra.

MERCÚRIO-

A ocorrência de mercúrio na água é rara. Os compostos de mercúrio são largamente utilizados no fabrico de desinfectantes, detonadores, pigmentos e produtos médicos.

Método da Ditizona -

Este método é aplicável a águas potáveis. No entanto, se se pretender determinar as águas residuais, é necessária a digestão húmida com um tipo especial de aparelho.

Princípio -

As toneladas de mercúrio reagem lentamente com a ditizona a um pH de cerca de 1 para formar um complexo de cor vermelha alaranjada e a cor é medida com um espetrofotómetro.

Reagentes -

(1)   Solução-mãe de mercúrio - Dissolver 135,4 mg de cloreto de mercúrio em 750 ml de água. Adicionar 1,5 ml de água. Adicionar 1,5 ml de HNO3 concentrado e completar o volume com água até ao traço.

(2)   Solução de trabalho de mercúrio - Pipetar 10,0 ml de solução-mãe de mercúrio para um recipiente Balão volumétrico de 1000 ml e completar o volume com água.

(3)   Solução de permanganato de potássio a 5%

(4)   Concentrado de ácido sulfúrico.

(5)   Solução de persulfato de potássio a 5%

(6)   Solução de cloridrato de hidroxilamina a 50%

(7)   Solução de ditiazona - Dissolver 6 mg de ditiazona em 1000 ml de clorofórmio.

(8)   Ácido sulfúrico 0,25 N - Diluir 6,0 ml de H2SO4 concentrado para 1000 ml com água.

(9)   Solução de brometo de potássio a 40% - Dissolver 40 g de brometo de potássio, KBr, em 100 ml de água destilada.

(10)   Tampão de carbonato de fosfato - Dissolver 150 g de hidrogenofosfato dissódico e 38 g de carbonato de potássio.

(11)   Sulfato de sódio anidro.

Procedimento -

1)   Colocar 0,0, 1,0, 2,0, 4,0 10,0 ml da solução de trabalho de mercúrio numa série de copos de 1000 ml. Diluir cada um deles até 500 ml.

2)   Colocar 500 ml de amostra num copo de 1000 ml.

3)   Ao branco, aos padrões e à amostra adicionar 1 ml de solução de permanganato de potássio e 10 ml de H2SO4 concentrado.

4)   Mexa bem e deixe ferver.

5)   Quando a ebulição cessar, adicionar cuidadosamente 5 ml de solução de persulfato de potássio e arrefecer durante 30 minutos.

6)   Eliminar a coloração rosa por adição de uma ou mais gotas de solução de NH_2 OH. Solução de HC1.

7)   Transferir o conteúdo de cada copo para uma ampola de decantação de 1000 ml.

8)   Extrair o conteúdo de cada ampola de decantação com uma porção de 25 ml de ditizona até que o último extrato permaneça verde.

9)   Recolher os extractos de clorofórmio em ampolas de decantação individuais de 250 ml.

10) Adicionar 50 ml de H2SO4 0,25 N a cada uma das ampolas de decantação que contêm os extractos clorofórmicos combinados.

11) Transferir agora a camada de clorofórmio para outra série de ampolas de decantação de 250 ml.

12) Adicionar 50 ml de H2SO4 0,25 N e 10 ml de solução de KBr a cada funil e agitar bem. Agora, o ditizonato de mercúrio estará na fase aquosa e o outro na fase orgânica.

13) Deitar fora a camada orgânica da torre.

14) Lavar a fase aquosa por agitação com um pequeno volume de clorofórmio e rejeitar a camada inferior de clorofórmio.

15) Em cada ampola de decantação, adicionar 12 ml de tampão carbonato de fosfato e 10 ml de solução de ditizona, agitar bem e deixar separar as fases.

16) Passar a camada orgânica que contém o ditizonato de mercúrio através de uma camada de sulfato de sódio para uma cureta e medir a obsorvância a 490 nm.

17) Preparar uma curva de calibração num papel gráfico. Exprimir o resultado em mg de mercúrio por litro de amostra.

ANÁLISE DE DADOS

VARIAÇÃO SAZONAL DAS PROPRIEDADES FÍSICO-QUÍMICAS DA ÁGUA DO RIO HASDEO.

[1]   Aparência -

A aparência foi observada como turva lamacenta em S13 e na estação de efluentes S3. Mas na água do rio o aspeto era límpido em S7, Sg, S10, Su e ligeiramente turvo em S5, Sg, 87, Sg e S17, respetivamente (Quadro 4.1). O ponto da estação S7, Sg foi observado límpido durante o inverno, mas torna-se ligeiramente turvo durante o verão e a estação das chuvas.

[H] Odor -

As estações de água de efluentes Sg e Sg tinham um odor ligeiramente desagradável, mas as estações de água do rio e as estações de água de efluentes de Si, a S17, exceto Sg e Sg, não tinham odor durante todo o ano.

A estação S9 a montante do rio Hasdeo em Lotiota foi considerada inodora e a estação S13 a jusante do rio Hasdeo, perto da aldeia de Urga, também foi inodora durante todo o ano (Quadro 4.2).

[ii] Concentração de iões de hidrogénio (pH) -

In effluent station Si hydrogen ion concentration was found to range from 7.21 to 8.20 and S2 range from 7.10 to 8.10, in station S3 7.10 to 8.22, in S4 7.40 to 8.25, em Sg 7,40 a 9,40. em S9 7,40 a 7,50, em S10 7,50 a 8,20 em S14 7,40 a 8,10, em S15 7,40 a 8,30, em Si6 7,40 a 8,15, em S17 7,40 a 8,30 respetivamente. (Tabela No. 4.3). O valor mínimo de pH foi registado no mês de abril na estação Su.

Mas o valor máximo de pH foi registado no mês de junho na estação S5.

A estação de efluentes Si a Sg registou um valor de pH elevado de 10,22 do que a estação de água do rio S9 a S17.

A montante do rio Hasdeo, perto de Lotiota, foi registado o valor máximo de pH 7,84 em S9. Enquanto a jusante do rio Hadeo, perto da aldeia de Urga, registou o valor máximo de pH 8,10 na estação S14.

Foi indicada uma diferença significativa entre as dezassete estações de amostragem e os valores mensais através de um teste de análise de variância de duas vias. (Tabela No. 4-3)

Total de sólidos -

Na estação de controlo de águas residuais de Si a Sg e na estação de águas fluviais de S9 a S17, verificou-se que os sólidos totais variavam entre 112 mg/1 e 985 mg/1 e 156 mg/1 e 683 mg/1.

Na água efluente, os sólidos totais variaram para a estação Si 188 mg/1 a 433 mg/1, para a estação S2 138 mg/1 a 440 mg/1, para a estação S3 117 a 546 mg/1, para a estação S4 249 mg/1 a 1300 mg/1. para a estação S5 504 mg/1 a 1291 mg/1, para a estação Se 283 mg/1 a 778 mg/1, para a estação S7 235 mg/1 a 782 mg/1, para a estação Sg 245 mg/1 a 683 mg/1, para a estação S9 135 mg/1 a 865 mg/1, para a estação S10 173 mg/1 a 1386 mg/1 a 690 mg/1, para a estação Su 180 mg/1 a 918 mg/1, para a estação S12 137 mg/1 a 690 mg/1, para a estação S13 228 mg/1 a 525 mg/1, para a estação S14 231 mg/1 a 498 mg/1, para a estação S15 300 mg/1 a 670 mg/1, para a estação Sig 356 mg/1 a 650 mg/1, para a estação S17 161 a 760 mg/1, respetivamente. (Quadro n.º 3.4)

Os sólidos totais mínimos são obtidos no mês de fevereiro para a estação S9, mas os máximos foram observados no mês de junho S3, S3 tem os valores mais elevados ao longo do ano em comparação com os valores das outras estações.

No curso superior do rio Hasdeo, perto da aldeia de Lotiota, o valor mínimo de sólidos foi de 135 mg/1 e o máximo de 865 mg/1; no curso inferior do rio Hasdeo, na aldeia de Urga, o valor mínimo de sólidos totais foi de 231 mg/1 e o máximo de 498 mg/1.

[iv]   Sólidos Totais Dissolvidos -

Os sólidos totais dissolvidos variaram de 107 a 975 mg/1 para a estação de efluentes Si a Sg e de 73 a 1200 mg/1 para a estação fluvial S9 a S17.

Na água efluente, os sólidos totais dissolvidos variam entre a estação Si 178 mg/1 e 423 mg/1, a estação S2 128 mg/1 e 430 mg/1, a estação S3 107 mg/1 e 536 mg/1, a estação S4 161 mg/1 e 975 mg/1, a estação S5 398 mg/1 e 900 mg/1, a estação Sg 191 mg/1 e 648 mg/1, a estação S7 200 mg/1 e 652 mg/1, a estação Sg 159 mg/1 e 573 mg/1, para a estação S9 102 mg/1 a 589 mg/1, para a estação S10 73 mg/1 a 673 mg/1 para a estação Su 146 mg/1 a 550 mg/1, para a estação S12 99 mg/1 a 486 mg/1, para a estação S13 145 mg/1 a 660 mg/1, para a estação S14 180 mg/1 a 430 mg/1, para a estação S15 214 mg/1 a 450 mg/1, para a estação Si6 266 mg/1 a 1200 mg/1 para a estação S17 121 a 892 mg/1, respetivamente. (Quadro n.º 3.5)

Os sólidos totais dissolvidos mínimos são obtidos no mês de janeiro para a estação S10, mas os máximos foram observados no mês de março para a estação Si6, Si6 tem os valores mais elevados ao longo do ano, comparativamente aos valores das outras estações.

Para a montante do rio Hasdeo, perto da aldeia de Lotiota, o valor dos sólidos dissolvidos foi mínimo 102 mg/1 a 589 mg/1 no máximo; para a jusante do rio Hasdeo, na aldeia de Urga, o valor mínimo do total de sólidos dissolvidos foi de 180 a 430 mg/1 no máximo.

[v]   **Sólidos Suspensos Totais -**

Os sólidos suspensos totais variaram de 35 a 584 mg/1 para a estação de efluentes Si a Sg e de 20 a 925 mg/1 para a estação fluvial S9 a S17.

Na água efluente, os sólidos suspensos totais variam entre a estação Si 80 mg/1 e 300 mg/1, para a estação S2 80 mg/1 e 314 mg/1, para a estação S3 88 mg/1 e 468 mg/1, para a estação S4 88 mg/1 e 584 mg/1, para a estação S5 70 mg/1 e 402 mg/1, para a estação Sg 49 mg/1 e 584 mg/1, para a estação S7 35 mg/1 e 410 mg/1, para a estação Sg 68 mg/1 e 416 mg/1, para a estação S9 20 mg/1 a 276 mg/1, para a estação S10 50 mg/1 a 713 mg/1 para a estação S11 32 mg/1 a 378 mg/1, para a estação S12 38 mg/1 a 356 mg/1, para a estação S13 78 mg/1 a 440 mg/1, para a estação S14 54 mg/1 a 350 mg/1, para a estação S15 82 mg/1 a 120 mg/1, para a estação Sig 80 mg/1 a 925 mg/1 para a estação S17 40 a 915mg/l, respetivamente. (Quadro n.º 3.6)

Os sólidos suspensos totais mínimos são obtidos no mês de junho para a estação S9, mas os máximos foram observados no mês de março para a estação Si6, Si6 tem valores mais elevados ao longo do ano, comparativamente aos valores das outras estações.

Para o curso superior do rio Hasdeo, perto da aldeia de Lotiota, o valor dos sólidos dissolvidos foi de 102 mg/1, no mínimo, a 589 mg/1, no máximo, e para o curso inferior do rio Hasdeo, na aldeia de Urga, o valor mínimo dos sólidos totais dissolvidos foi de 180 a 430 mg/1, no máximo.

[vii] Cloreto -

O cloreto variou de 9 a 125 mg/1 para a estação de efluentes de Si a Sg e de 7 a 24 mg/1 para a estação de águas fluviais de S9 a S17.

Na água efluente, os cloretos totais variam entre a estação Si 9 mg/1 e 15 mg/1, a estação S2 11 mg/1 e 24 mg/1, a estação S3 9,99 mg/1 e 20 mg/1, a estação S4 11 mg/1 e 20 mg/1, a estação S5 15 mg/1 e 125 mg/1, a estação Sg 15 mg/1 e 120 mg/1, a estação S7 12 mg/1 e 90 mg/1, a estação Sg 14 mg/1 e 34.6 mg/1, para a estação S9 7 mg/1 a 12 mg/1, para a estação S10 9 mg/1 a 13 mg/1 para a estação Su 8 mg/1 a 16 mg/1, para a estação S12 9,9 mg/1 a 21 mg/1, para a estação S13 11,9 mg/1 a 17 mg/1, para a estação S14 11 mg/1 a 17 mg/1, para a estação S15 11,9 mg/1 a 17 mg/1, para a estação Sig 9,9 mg/1 a 24 mg/1 para a estação S17 11,9 a 18mg/l, respetivamente. (Tabela n.º 4.7)

Os valores mínimos de cloreto foram obtidos no mês de agosto para a estação S9, mas os máximos foram observados no mês de junho para a estação S5, S5 tem os valores mais elevados ao longo do ano, comparativamente aos valores das outras estações.

No curso superior do rio Hasdeo, perto da aldeia de Lotiota, o valor de cloreto foi encontrado entre um mínimo de 7 mg/1 e um máximo de 12 mg/1; no curso inferior do rio Hasdeo, na aldeia de Urga, o valor mínimo de cloreto foi de 10,9 a 17 mg/1.

[viii]   Alcalinidade total -

A alcalinidade variou de 69 a 110 mg/1 para a estação de efluentes Si a Sg e de 30 a 140 mg/1 para a estação fluvial S9 a S17.

Na água efluente, a alcalinidade total varia da estação Si 98 mg/1 a 110 mg/1, da estação S2 91 mg/1 a 96 mg/1, da estação S3 80 mg/1 a 90 mg/1, da estação S4 81 mg/1 a 86 mg/1, da estação S5 69 mg/1 a 73 mg/1, da estação Sg 86 mg/1 a 89 mg/1, da estação S7 81 mg/1 a 84 mg/1, da estação Sg 81 mg/1 a 88 mg/1, para a estação S9 40 mg/1 a 70 mg/1, para a estação S10 46 mg/1 a 80 mg/1 para a estação Su 66 mg/1 a 100 mg/1, para a estação S12 56 mg/1 a 150 mg/1, para a estação S13 47 mg/1 a 94 mg/1, para a estação S14 60 mg/1 a 100 mg/1, para a estação S15 59 mg/1 a 110 mg/1, para a estação Sig 30 mg/1 a 90 mg/1 para a estação S17 34 a 140 mg/1, respetivamente. (Quadro n.º 4.8)

A alcalinidade mínima é obtida no mês de dezembro para a estação Si6 , mas o máximo foi observado no mês de novembro para a estação Si7, S17 tem valores mais elevados ao longo do ano em comparação com os valores das outras estações.

No curso superior do rio Hasdeo, perto da aldeia de Lotiota, o valor da alcalinidade foi de 40 mg/1 a 70 mg/1, no máximo, e no curso inferior do rio Hasdeo, na aldeia de Urga, o valor mínimo de alcalinidade foi de 60 a 100 mg/1, no máximo.

[ix]   Carência biológica de oxigénio (CBO) -

A CBO variou de 5 a 28 mg/1 para a estação de efluentes Si a Sg e de 1,2 a 6,8 mg/1 para a estação fluvial S9 a S17.

Na água efluente, a CBO total varia da estação Si 14 mg/1 a 13 mg/1, para a estação S2 5 mg/1 a 13 mg/1, para a estação S3 6 mg/1 a 16 mg/1, para a estação S4 6 mg/1 a 20 mg/1, para a estação S5 8 mg/1 a 28 mg/1, para a estação Sg 8 mg/1 a 18 mg/1, para a estação S7 11 mg/1 a 26 mg/1, para a estação Sg 8,5 mg/1 a 20 mg/1, para a estação S9 1.2 mg/1 a 3 mg/1, para a estação S10 2 mg/1 a 3,8 mg/1 para a estação Su 1,5 mg/1 a 4 mg/1, para a estação S12 2 mg/1 a 3,6mg/1, para a estação S13 2 mg/1 a 4,8 mg/1, para a estação S14 1,8 mg/1 a 3,8 mg/1, para a estação S15 2,6 mg/1 a 4,4 mg/1, para a estação Si6 2 mg/1 a 6,8 mg/1 para a estação S17 2,3 a 6 mg/1 respetivamente. (Quadro n.º 3.9)

O mínimo de CBO é obtido no mês de maio para a estação S9, mas o máximo foi observado no mês de novembro para a estação S5, S5 tem valores mais elevados ao longo do ano, comparativamente aos valores das outras estações.

No curso superior do rio Hasdeo, perto da aldeia de Lotiota, o valor mínimo de CBO foi de 1,2 mg/1 a 3 mg/1 no máximo; no curso inferior do rio Hasdeo, na aldeia de Urga, o valor mínimo de CBO foi de 1,8 a 3,8 mg/1 no máximo.

[x]   Carência química de oxigénio (CQO) -

A DQO variou de 50 a 320 mg/1 para a estação de efluentes Si a Sg e de 20 a 240 mg/1 para a estação fluvial S9 a S17.

Na água efluente, a DQO total varia entre a estação Si 60 mg/1 e 128 mg/1, para a estação S2 50 mg/1 e 136 mg/1, para a estação S3 60 mg/1 e 120 mg/1, para a estação S4 60 mg/1 e 164 mg/1, para a estação S5 70 mg/1 e 320 mg/1, para a estação Sg 70 mg/1 e 160 mg/1, para a estação S7 90 mg/1 e 164 mg/1, para a estação Sg 90 mg/1 e 180 mg/1, para a estação S9 20 mg/l a 32 mg/1, para a estação S10 28 mg/1 a 50 mg/1 para a estação Su 28 mg/1 a 50 mg/1, para a estação S12 32 mg/1 a 240 mg/1, para a estação S13 32 mg/1 a 204 mg/1, para a estação S14 30 mg/1 a 64 mg/1, para a estação S15 36 mg/1 a 90 mg/1, para a estação Si6 30 mg/1 a 90 mg/1 para a estação S17 40 a 80 mg/1, respetivamente. (Quadro n.º 3.10)

A CQO mínima é obtida nos meses de JULHO, OUTUBRO, DEZEMBRO, MAIO, JUNHO para a estação S9, mas a máxima foi observada no mês de novembro para a estação S12, e a S12 tem os valores mais elevados ao longo do ano, comparativamente aos valores das outras estações.

No curso superior do rio Hasdeo, perto da aldeia de Lotiota, o valor de CQO foi encontrado entre um mínimo de 20 mg/1 e um máximo de 32 mg/1; no curso inferior do rio Hasdeo, na aldeia de Urga, o valor mínimo de CQO foi de 30 a 64 mg/1.

[xii] Nitrato -

Verificou-se que o azoto nítrico (NH3-N) variava entre 0,12 e 1,7 mg/1 para a estação de efluentes Si a Sg e entre 0,4 e 2,6 mg/1 para a estação fluvial S9 a S17.

No efluente da água, o Azoto Nitrato Total (NH3-N) varia entre a estação Si 1,02 mg/1 e 1,72 mg/1, para a estação S2 1,0 mg/1 e 1,6 mg/1, para a estação S3 0,8 mg/1 e 1,1 mg/1, para a estação S4 0.12 mg/1 a 0,62 mg/1, para a estação S5 1,02 mg/1 a 1,62 mg/1, para a estação Sg 0,80 mg/1 a 0,92 mg/1, para a estação S7 0,30 mg/1 a 0,46 mg/1, para a estação Sg 0,2 mg/1 a 0.29 mg/1, para a estação S9 0,4 mg/1 a 1,4 mg/1, para a estação S10 0,4 mg/1 a 1,70 mg/1 para a estação Su 0,4 mg/1 a 1,60 mg/1, para a estação S12 0,5 mg/1 a 2,0 mg/l, para a estação S13 0.7 mg/1 a 1,5 mg/1, para a estação S14 0,4 mg/1 a 1,2 mg/1, para a estação S15 0,8 mg/1 a 2,6 mg/1, para a estação Si6 0,7 mg/1 a 1,26 mg/1 para a estação S17 0,8 a 1,8 mg/1, respetivamente. (Quadro n.º 4.12)

Os valores mínimos de azoto nítrico (NH3-N) são obtidos no mês de novembro para a estação S4, mas os máximos foram observados no mês de março para a estação S15, a S15 tem valores mais elevados ao longo do ano, comparativamente aos valores das outras estações.

No curso superior do rio Hasdeo, perto da aldeia de Lotiota, o valor do azoto nítrico (NH3-N) foi mínimo, de 0,4 mg/l a 1,4 mg/l no máximo, e no curso inferior do rio Hasdeo, na aldeia de Urga, o valor mínimo do azoto nítrico (NO3-N) foi de 0,4 a 1,0 mg/l no máximo.

[xiv] Fosfato (PO4) -

O fosfato (PO4) variou de 0,03 a 1,8 mg/l para a estação de efluentes de Si a Sg e de 0,0 a 1,8 mg/l para a estação fluvial de S9 a S17.

Na água efluente, os fosfatos (PO4) variam entre a estação Si 0,03 mg/l e 0,74 mg/l, para a estação S2 0,05 mg/l e 1,8 mg/l, para a estação S3 0,08 mg/l e 1,32 mg/l, para a estação S4 1.2 mg/l a 1,8 mg/l, para a estação S5 0,74 mg/l a 1,40 mg/l, para a estação Se 0,07 mg/l a 1,5 mg/l, para a estação S7 0,06 mg/l a 1,4 mg/l, para a estação Sg 0,03 mg/l a 1,2 mg/l, para a estação S9 0.04 mg/l a 1,6 mg/l, para a estação Sio 0,0 mg/l a 1,6 mg/l, para a estação Su 0,06 mg/l a 1,8 mg/l, para a estação S12 0,06 mg/l a 1,5 mg/l, para a estação S13 0,0 mg/l a 1.4 mg/l, para a estação S14 0,0 mg/l a 1,2 mg/l, para a estação S15 0,0 mg/l a 1,8 mg/l, para a estação Si6 0,6 mg/l a 1,5 mg/l e para a estação S17 0,0 a 1,2 mg/l, respetivamente. (Quadro n.º 3.14)

Os valores mínimos de fosfato (PO4) foram obtidos nos meses de fevereiro e junho para as estações Si, S13 e Sg, mas os valores máximos foram observados nos meses de agosto e setembro para as estações S2, S11 e S4, Su; S15, que apresentam valores mais elevados ao longo do ano, comparativamente aos valores das outras estações.

Para a montante do rio Hasdeo, perto da aldeia de Lotiota, o valor de fosfato (PO4) foi encontrado no mínimo de 0,04 mg/l a 1,6 mg/l no máximo, para a jusante do rio Hasdeo, na aldeia de Urga, o valor mínimo de fosfato (PO4) foi de 0,0 a 1,2 mg/l no máximo.

[xv] Sulfato (SO4) -

O sulfato (SO4) variou de 30 a 80 mg/l para a estação de efluentes Si a Sg e de 18 a 94 mg/l para a estação fluvial S9 a S17.

Na água efluente, o sulfato (SO4) varia da estação Si 30 mg/l a 80 mg/l, para a estação S2 40 mg/l a 78 mg/l, para a estação S3 36 mg/l a 78 mg/l, para a estação S4 32 mg/l a 61 mg/l, para a estação S5 40 mg/l a 62 mg/l, para a estação Sg 40 mg/l a 72 mg/l, para a estação S7 40 mg/l a 66 mg/l, para a estação Sg 32 mg/l a 80 mg/l, para a estação S9 36 mg/l a 70 mg/l, para a estação S10 36 mg/l a 80 mg/l para a estação Su 32 mg/l a 76 mg/l, para a estação S12 18 mg/l a 80 mg/l, para a estação S13 46 mg/l a 94 mg/l, para a estação S14 40 mg/l a 72 mg/l, para a estação S15 34 mg/l a 80 mg/l, para a estação Si6 32 mg/l a 80 mg/l para a estação S17 42 a 82 mg/l, respetivamente. (Quadro n.º 3.15)

Os valores mínimos de sulfato (SO4) são obtidos no mês de janeiro para a estação S12, mas os máximos foram observados no mês de fevereiro para a estação S13, S13, com valores mais elevados ao longo do ano, comparativamente aos valores das outras estações.

Para a montante do rio Hasdeo, perto da aldeia de Lotiota, o valor de Sulfato (SO4) foi encontrado no mínimo 36 mg/1 a 70 mg/1 no máximo, para a jusante do rio Hasdeo, na aldeia de Urga, o valor mínimo de Sulfato (SO4) foi de 40 a 72 mg/1 no máximo.

[xvi] Dureza total -

A dureza total variou de 30 a 130 mg/1 para a estação de efluentes Si a Ss e de 24 a 130 mg/1 para a estação fluvial S9 a S17.

No efluente, a dureza total da água varia entre a estação Si 81 mg/1 e 98 mg/1, a estação S2 40 mg/1 e 106 mg/1, a estação S3 80 mg/1 e 120 mg/1, a estação S4 90 mg/1 e 130 mg/1, a estação S5 30 mg/1 e 92 mg/1, a estação Se 32 mg/1 e 88 mg/1, a estação S7 54 mg/1 e 92 mg/1, a estação Sg 42 mg/1 e 92 mg/1, para a estação S9 24 mg/1 a 84 mg/1, para a estação S10 28 mg/1 a 90 mg/1 para a estação Su 40 mg/1 a 96 mg/1, para a estação S12 30 mg/1 a 130 mg/1, para a estação S13 30 mg/1 a 112 mg/1, para a estação S14 38 mg/1 a 120 mg/1, para a estação S15 38 mg/1 a 120 mg/1, para a estação Si6 32 mg/1 a 92 mg/1 para a estação S17 30 a 90 mg/1, respetivamente. (Quadro n.º 3.16)

A dureza total mínima é obtida no mês de dezembro para a estação S9, mas a máxima foi observada nos meses de fevereiro e abril para as estações S4 e S12, e S4 e S12 têm valores mais elevados ao longo do ano, comparativamente aos valores das outras estações.

No curso superior do rio Hasdeo, perto da aldeia de Lotiota, o valor mínimo de dureza total foi de 24 mg/1 a 84 mg/1 no máximo, enquanto no curso inferior do rio Hasdeo, na aldeia de Urga, o valor mínimo de dureza total foi de 38 a 120 mg/1 no máximo.

[xvii] Dureza do cálcio -

A dureza cálcica variou de 10 a 80 mg/1 para a estação de efluentes Si a Ss e de 10 a 88 mg/1 para a estação fluvial S9 a S17.

Na água efluente, a dureza cálcica varia entre a estação Si 10 mg/1 e 66 mg/1, para a estação S2 28 mg/1 e 60 mg/1, para a estação S3 26 mg/1 e 64 mg/1, para a estação S4 30 mg/1 e 80 mg/1, para a estação S5 24 mg/1 e 80 mg/1, para a estação Sg 18 mg/1 e 78 mg/1, para a estação S7 24 mg/1 e 70 mg/1, para a estação Sg 18 mg/1 e 70 mg/1, para a estação S9 10 mg/1 a 66 mg/1, para a estação S10 12 mg/1 a 64 mg/1 para a estação Su 26 mg/1 a 66 mg/1, para a estação S12 26 mg/1 a 88 mg/1, para a estação S13 22 mg/1 a 82 mg/1, para a estação S14 30 mg/1 a 80 mg/1, para a estação S15 24 mg/1 a 80 mg/1, para a estação Sig 18 mg/1 a 70 mg/1 para a estação S17 16 a 78 mg/1, respetivamente. (Quadro n.º 3.17)

Os valores mínimos de dureza cálcica foram obtidos no mês de dezembro para as estações S9 e Si, mas os valores máximos foram observados no mês de dezembro para a estação S12, S12 tem os valores mais elevados ao longo do ano, comparativamente aos valores das outras estações.

No curso superior do rio Hasdeo, perto da aldeia de Lotiota, o valor da dureza cálcica foi encontrado entre um mínimo de 10 mg/1 e um máximo de 66 mg/1; no curso inferior do rio Hasdeo, na aldeia de Urga, o valor mínimo da dureza cálcica foi de 30 a 80 mg/1.

[xviii] Dureza do magnésio -

A dureza do magnésio variou de 2 a 82 mg/1 para a estação de efluentes Si a Ss e de 4 a 40 mg/1 para a estação fluvial S9 a S17.

Na água efluente, a dureza do magnésio varia entre a estação Si 19 mg/1 e 72 mg/1, a estação S2 4 mg/1 e 66 mg/1, a estação S3 20 mg/1 e 70 mg/1, a estação S4 14 mg/1 e 80 mg/1, a estação S5 12 mg/1 e 58 mg/1, a estação Se 12 mg/1 e 28 mg/1, a estação S7 4 mg/1 e 44 mg/1, a estação Ss 2 mg/1 e 62 mg/1, para a estação S9 10 mg/1 a 28 mg/1, para a estação S10 12 mg/1 a 32 mg/1 para a estação Su 14 mg/1 a 36 mg/1, para a estação S12 4 mg/1 a 50 mg/1, para a estação S13 8 mg/1 a 38 mg/1, para a estação S14 8 mg/1 a 40 mg/1, para a estação S15 14 mg/1 a 40 mg/1, para a estação Sie 14 mg/1 a 30 mg/1 para a estação S17 6 a 30 mg/1, respetivamente. (Quadro n.º 3.18)

A dureza mínima do magnésio é obtida no mês de dezembro para as estações Ss e Si, mas o máximo foi observado no mês de dezembro para a estação S4, S4 tem valores mais elevados ao longo do ano, em comparação com os valores das outras estações.

No curso superior do rio Hasdeo, perto da aldeia de Lotiota, o valor mínimo da dureza do magnésio foi de 10 mg/1 a 28 mg/1 no máximo, enquanto no curso inferior do rio Hasdeo, na aldeia de Urga, o valor mínimo da dureza do magnésio foi de 8 a 40 mg/1 no máximo.

CAPÍTULO 5

RESULTADOS E DISCUSSÃO

Temperatura -

A temperatura do efluente e da água do rio foi alta de maio a outubro e baixa entre novembro e abril. A tendência indica que a temperatura do efluente e da água do rio foi mais influenciada pela temperatura atmosférica do que pelo efluente e pelo próprio rio. Resultados semelhantes foram registados por Rishi, V. et al (19831), Mishra (1979), Vasisth e Sheikher (1983) e Kanungo (1986),

Aspeto e odor -

O aspeto e o odor dependem da temperatura, dos gases dissolvidos e da composição química das impurezas. Estas devem-se à presença de sulfato de hidrogénio e de outros produtos de decomposição produzidos nas massas de água, sob a influência de microrganismos, libertando substâncias com odor desagradável.

O aspeto depende totalmente da limpeza da água, por exemplo, límpida ou turva. A água das estações Si e S2 era turva e ligeiramente turva e inodora. A S3 tem uma natureza turva lamacenta e a S5 tem uma turvação avermelhada, enquanto as estações Se, S7, S9 e S10 têm água límpida. Nalgumas estações de amostragem, a água era límpida no inverno, mas ligeiramente turva e inodora no verão, não existindo odor desagradável na água do rio e nos efluentes industriais, durante todo o ano. Agrwal et al (1976), Daskshini e Soni (1979), Kanungo (1985), Khare e Sastry (1970) relataram uma gama mais elevada de temperatura dos efluentes industriais, enquanto Pandey e Pandey (1980) relataram uma gama estreita de flutuações na temperatura, no odor e no aspeto.

Concentração de iões de hidrogénio (pH) -

Verificou-se uma variação considerável no pH dos efluentes industriais de diferentes locais em diferentes meses.

O pH apresentou uma relação positiva com o biocarbonato, a alcalinidade total e a dureza do cálcio e do magnésio. Venkateshwarul (1969) verificou que o pH é o mais elevado em maio no rio Moosi. Trivedi e Gurudeep Raj (1992) observaram que o pH da água do rio Gomati Lucknow variava entre 7 e 8,8, com o valor máximo na monção. Saxena et al (1979) definiu 6 ambientes aquáticos com base no pH: fortemente alcalino (pH>9,0), alcalino (pH 8,0 a 9,0), fracamente alcalino (pH 7,2 a 8,0), ligeiramente ácido (pH 5,5 a 6,6) e ácido (pH 2,1 a 5,5). Atualmente, a observação do rio Hasdeo e dos efluentes da zona industrial de Korba mostra um aumento gradual dos valores de pH do inverno para o verão e uma variação durante a estação das chuvas. Os efluentes industriais indicam um carácter fortemente alcalino (7,8 a 9,08); os efluentes das centrais térmicas também têm um carácter alcalino. Nos pontos de confluência, a decomposição aeróbia da matéria orgânica e a atividade respiratória dos organismos resultam normalmente no aumento do dióxido de carbono, que por sua vez se combina com os monocarbonatos de cálcio para formar bicarbonato.

As estações de efluentes das fábricas NTPC, BCPP e Balco registaram um valor elevado de pH 11,22. A montante do rio Hasdo, perto de Lotiota, registou-se o valor máximo de pH 7,84 na estação Sg, enquanto a jusante do rio Hasdeo, perto da aldeia de Urga, se registou o valor máximo de pH 8,10 na estação S14.

Sólidos totais, sólidos totais dissolvidos e sólidos totais em suspensão (TS, TDS & TSS) -

Em todas as amostras de água estão presentes partículas sólidas totais (ST) de argila, silicato de areia e microorganismos. O valor total de TS é avaliado com a ajuda dos sólidos totais dissolvidos e dos sólidos totais suspensos das amostras (APHA 1987). O valor de SST

para a estação de efluentes industriais de Si a Sg registou 135 mg/l a 1291 mg/l e a estação de água do rio registou 161 mg/l a 575 mg/l.

Evidentemente, a variação sazonal no valor de TSS foi clara, sendo mais elevada durante a estação das chuvas e mais baixa durante o inverno, mas o ponto de efluente industrial teve uma suspensão máxima no verão e mostrou uma ligeira variação sazonal.

Isto depende da descarga quantitativa de efluentes e do volume total de água do rio. Por conseguinte, as seguintes condições do rio tendem a aumentar o rácio de SST por efluente durante a estação do verão.

O total mínimo foi obtido no mês de fevereiro para a estação S9, mas o máximo foi observado no mês de março na estação Si6. No curso superior do rio Hasdeo, o total de sólidos foi encontrado no máximo 865 mg/l e no curso inferior os valores foram encontrados 231 mg/l 498 mg/l respetivamente.

Os valores actuais são muito mais elevados (Saxena et al 1993 Dakshini e Soni 1979; Shukla et al 1988 Tripathi et al 1981; Pandey & Tripathi 1984; Trivedi el al 1990b e Palria & Rana 1985).

Nitrato -

Os teores de azoto nítrico nos efluentes industriais variaram entre 1,2 e 1,7 mg/l, enquanto que no ponto de confluência do rio variaram entre 0,4 e 2,6 mg/l. Os valores são comparáveis aos dos efluentes da zona industrial de Deli (Dakshini e Soni, 1979) e dos esgotos da cidade de Raipur (Kanungo 1986). Os valores são mais elevados do que os registados apenas no rio Narmada (Malviya e Yadav, 1990).

Todos os anos, no mundo, são encontrados cerca de dois milhões de toneladas de nitratos que penetram no subsolo e fluem para os níveis freáticos, por isso estamos a beber 50 mg de nitratos por dia (Mathur et al (1965).

As quantidades crescentes de nitratos nos nossos alimentos estão também a ser convertidas em nitratos comprovadamente tóxicos e mesmo fatais em doses elevadas para o sangue. Hesse, em 1994, ilustrou que a reação dos nitratos pode reagir com vários compostos presentes no nosso corpo ou nos nossos alimentos e formar nitrosaminas cancerígenas. O balanço de nitrogénio de várias massas de água foi elaborado por many et al (1987). Diz-se que a precipitação é responsável pelo aumento da quantidade de nitratos na água.

Este facto pode ser atribuído ao aumento da atividade das bactérias que provocam a desintegração da matéria orgânica, uma parte da qual é desperdiçada da superfície para a água. Mas Arora e Azad (1985) registaram, em geral, os valores máximos de nitratos durante o inverno e os valores mais baixos durante o verão no rio Gomati.

No curso superior do rio Hasdeo e no ponto de confluência, as estações de amostragem apresentam valores ligeiramente diferentes. A montante do rio, perto da aldeia de Lotiota, foram encontrados valores de 0,4 mg/1 e 1,4 mg/1 e a jusante do rio, perto da aldeia de Urga, valores entre 0,4 e 1,0 mg/1. Os efluentes industriais apresentam o valor máximo de nitrato, muito mais elevado na época de verão.

Fosfato -

Como esperado, a quantidade de fosfato foi máxima nos efluentes industriais, o que é naturalmente devido à contribuição doméstica e química. Singh & Bhowmick (1985) e Palria (1985) afirmaram que o fosfato, depois de permanecer baixo durante o inverno e no início do verão, aumenta durante a estação das chuvas. Rai (1947) observou um nível máximo de fosfato na água do rio durante o verão.

O conteúdo total de fosfato no esgoto flutuou durante todo o ano em todos os locais de amostragem em diferentes meses. O valor variou para a estação de efluentes industriais de Si a Sg de 0,03 ppm a 8,0 ppm e para o rio Hasdeo e o ponto de confluência de 0,03 ppm a 0,8, respetivamente.

Os valores são comparáveis com os de Hoshangabad (Malviya 1990) e Chambal (Olaniya et al 1976) onde Singh et al (1985) relataram um valor baixo de fosfato total, pelo contrário, um valor muito alto de fosfato total para águas industriais e de esgotos foi relatado por muitos investigadores (Vashist e Sheikher 1983 Tripathi et al 1984 Badholiya 1991[192] e Sundarajan et al 1993).

O fosfato total encontrado no curso superior do rio Hasdeo é de 0,04 a 1,6 ppm. Os valores actuais são comparáveis aos do Narmada em Hoshangabad (Malviya 1990). Pelo contrário, muitos investigadores encontraram valores muito elevados na água de montante em diferentes rios da Índia (Sikandar 1986, Mishra et al 1990, Kudesia (1986).

Na estação fluvial a jusante, o teor de fosfato total da água em julho de 97 a junho de 98 (12 meses de monitorização) foi de 0,06 ppm a 1,2 no máximo.

O teor de fosfato no rio a jusante aumentou muitas vezes em comparação com a água do rio a montante em diferentes meses. A razão para tal deve-se à libertação de efluentes industriais no rio, o que consequentemente aumentou o teor de fosfato da água do rio a jusante muitas vezes em comparação com a água do rio a montante.

Cloreto -

Os cloretos são facilmente solúveis em água, pelo que os iões cloreto estão presentes em quase toda a água. A presença de muitos cloretos na água pode ser o resultado da lavagem de sais do solo ou da descarga de esgotos domésticos e de efluentes industriais na água. (Paul (1976), Rai (1974) e Singh & Singh (1995) estudaram o teor de cloreto na água do rio e registaram um aumento do nível de cloreto na contaminação por esgotos e efluentes. Venkateshwarlu (1969) observa que as estações não poluídas e poluídas do rio Moosi apresentavam uma média de 10,65 e 40,75 ppm de cloreto, respetivamente.

A quantidade de cloreto na poluição industrial variava entre 9 ppm. Enquanto a quantidade de cloreto no rio Hasdeo e no ponto de confluência variava entre 7 e 24 ppm. Os valores são comparáveis aos da zona de Allahabad (Singh & Singh) el al 1995) e da zona de Panta (Singh e Bhowmick 1985), sendo superiores aos de Chandigarh (Vasisht e Sheikher 1983; e Mitra 1982). Pelo contrário, muitos investigadores registaram valores mais elevados em Jaipur (Saxena et al 1970), Delhi (Dakshini e Soni 1979).

Os valores de cloreto do efluente e do ponto de confluência foram mínimos na estação das chuvas na maioria dos locais de amostragem, enquanto foram máximos entre dezembro e maio.
O teor de cloreto da água do rio acima oscilou entre 7 e 12 mg/l, o que é inferior ao de trabalhos anteriores sobre a água do rio acima em Korba (Banerjee, 1997). No entanto, é comparável ao de Betwa (Datar 1992) e ao do rio Gaga (Chattopadhyay et al 1984), embora um bom número de investigadores tenha registado valores elevados na Índia (Sikandar 1986, Malviya 1990, Mishra et al 1990).

Os valores de cloreto da água do rio de jusante de Hasdeo variaram entre 17 mg/l. Os valores de cloreto da água do rio de jusante foram mais elevados do que os da água do rio de montante em todos os meses, o que é muito óbvio devido à libertação de uma quantidade bastante grande de efluentes não tratados através dos esgotos.

Alcalinidade total -

A alcalinidade da água natural depende em grande parte da presença de carbonatos e hidrocarbonatos. Os seus sais são hidrolisados em solução e produzem iões hidroxilo, aumentando assim o pH. Rajgopalan et al (1973) observaram que o aumento do valor do pH é seguido de uma diminuição do dióxido de carbono livre e de um aumento da alcalinidade do bicarbonato.

Panesar e Singh (1985)(181) registaram valores máximos para os carbonatos no inverno e no final do verão e valores mínimos no início do verão e na monção da água do rio Gomati e a alcalinidade do bicarbonato registou valores máximos no final do inverno e no início do verão e valores mínimos na monção.

A alcalinidade total dos efluentes industriais e da água do rio Hasdeo foi elevada durante todo o ano em todos os locais. Os valores actuais são muito mais elevados do que os de um trabalho anterior sobre as águas industriais e fluviais de Korba (Banerjee, 1997). Os valores na zona industrial de Korba e no ponto de confluência do rio Hasdeo situam-se entre 30 e 140 mg/l e os efluentes industriais entre 69 e 110 mg/l. A alcalinidade total encontrada é superior à de outros rios da Índia (Sikandar, 1986; Mishra et al 1990; Khatavkar et al 1992;Kataria,1994.

A alcalinidade da água do rio a jusante é elevada nos meses de verão. A elevada alcalinidade durante o mês de verão é atribuída ao volume de água e ao aumento da quantidade de efluentes e esgotos no rio. Os valores variam entre 57,50 e 732,75 mg/l. Os valores observados são muito elevados em comparação com outros rios poluídos com efluentes e esgotos (Saikia et al 1986; Sikandar 1984; Badholiya 1991).

Em S12 a S17, o valor da alcalinidade varia de 30 a 140 mg/l com valores máximos no final do inverno e início do verão e mínimos na monção. Isto pode dever-se ao facto de a temperatura e a profundidade da água serem mais elevadas, o que aumenta os valores de pH, seguido de uma diminuição do dióxido de carbono livre e de um aumento da alcalinidade do bicarbonato devido à fotossíntese. A alcalinidade total dos efluentes das centrais eléctricas de Se Theraml e Balco foi mais elevada durante todo o ano devido à presença de complexos salinos, ácidos orgânicos e componentes químicos.

Varde et al (1964) afirma que valores de alcalinidade superiores a 60 ppm indicam um tipo de água dura no rio Jhelum, o que também corrobora a nossa observação.

Dureza total (cálcio e magnésio) -

Na água doce, a dureza é conferida devido aos iões de cálcio e magnésio que se encontram em combinação com o bicarbonato, para além do cloreto, sulfato e nitratos. Singh e Singh (1995),(8) Sengupta (1988), (202) Rajgopalan & Basu et al (1970)(100) ilustraram que a água contaminada com efluentes apresenta valores mais elevados de dureza total.

A dureza total do efluente foi mínima na estação das chuvas em quase todos os drenos de amostragem, o que foi muito óbvio devido à diluição causada pelas chuvas intensas na estação das chuvas. Os valores máximos não mostraram tendência sazonal devido ao volume variável de água nos esgotos de efluentes de diferentes localidades. A dureza total de magnésio da água do rio a montante e a jusante mostrou uma correlação positiva com a CQO, o cloreto e a dureza total, e negativa com o OD e o pH em ambos os locais.

Carência Bioquímica de Oxigénio (CBO) -

A Carência Bioquímica de Oxigénio é a qualidade de oxigénio, em miligramas por litro, requerida por um volume definido deste efluente líquido para oxidar a matéria orgânica nele contida por microrganismos em condições específicas. A CBO depende da temperatura e do período de incubação, para além das caraterísticas dos resíduos, da natureza e da concentração da vida biológica. É um bom indicador da poluição da água para avaliar a força da matéria orgânica decomponível presente numa água residual. Kataria et al (1994/[1] ") afirma que os valores mais elevados de CBO foram registados abaixo da queda de resíduos da destilaria e os valores mais baixos na queda de resíduos da pasta de papel, devido a este rio Couvery, Madras, os valores de CBO atingem um máximo de 1700,00 ppm. Das & Dash (1985/[203]) observaram que os valores mais baixos de CBO (2,0 a 8,0 mg/1) se registam no mês de dezembro e os mais elevados no mês de janeiro (4,5 mg/1), no lago Bihar, em Bombaim, devido à escassez de matéria orgânica oxidável nos sedimentos do fundo.

No presente estudo, na zona industrial de Korba, da estação de amostragem Si a Ss, encontrámos valores máximos de 5 mg/1 a 28 mg/1, ao passo que no rio e no ponto de confluência dos efluentes industriais estes valores variam entre 1,2 mg/1 e 6,8 mg/1, respetivamente. Os valores de CBO aumentam gradualmente do inverno para o fim do verão, atingindo o máximo em maio e junho e o mínimo em novembro.

O valor máximo de CBO foi observado no final do verão devido à temperatura mais elevada e às profundidades mais baixas do nível da água, o que se deve ao aumento da produção primária bruta, que liberta mais oxigénio. O oxigénio libertado também é consumido pelos decompositores no processo de decomposição dos materiais orgânicos e aumenta o valor de CBO no rio. Por conseguinte, o valor elevado de CBO registado é o verão para aumentar a taxa de decomposição.

Na estação de efluentes industriais, a gama de Si variou entre (6 a 14 mg/1), S3 (6 a 16 mg/1), S_4 (6,2 a 20 mg/1), S_5 (8 a 28 mg/1), S_7 (11 a 20 mg/1). Pode dever-se à natureza essencialmente carbonatada, que apresenta um elevado consumo de oxigénio para a oxidação não aeróbia de produtos químicos e materiais orgânicos presentes nos efluentes industriais.

Muitos investigaram a carência biológica de oxigénio das águas residuais em diferentes cidades da Índia, como Jacknow e David (1975), Vashisht e Sra (1976),Rana e Palria (1987), Mishra (1979), Kannugo (1986) As massas de água doce na Índia foram investigadas por muitos trabalhadores como Sreen James (1969), Painter (1971), Dubey et al (1986). Os seus valores reportados são semelhantes aos valores obtidos para as águas superficiais do rio Hasdeo. No entanto, algumas das massas de água doce poluídas do rio Hasdeo apresentam valores muito elevados de CBO, como os obtidos por Rao et al (1978). Até 380 mg/1, Chattopadhyay (1984), até 460,0 mg/1. Estes valores são também mais elevados do que os valores obtidos durante as presentes investigações.

Carência química de oxigénio (CQO) -

A carência química de oxigénio é a quantidade de oxigénio necessária para a oxidação completa de todas as substâncias orgânicas e inorgânicas redutoras presentes na água, a combustão de impurezas com oxidantes fortes, por exemplo, dicromato de potássio e ácido sulfúrico em meio ácido. Todos os elementos são oxidados nestas condições. O carbono é oxidado em dióxido de carbono, o enxofre em dióxido e trióxido de enxofre, o fósforo é oxidado em pentóxido de fósforo e o hidrogénio em óxido de hidrogénio. A CQO é utilizada principalmente para caraterizar as

Efluênte que contém matéria orgânica. É sempre superior à CBO porque nem todos os poluentes são mineralizados no processo bioquímico e os metabolitos dos microrganismos celulares, que não são mineralizados por incubação, são devolvidos ao meio. Verma et al (1978) observaram que, em Modinagar, a indicação química de poluição é nula ou muito baixa em termos de oxigénio dissolvido, valores elevados de CBO e CQO, quantidades elevadas de fosfato total, azoto e cloreto. Estes valores indicam claramente uma enorme poluição. Os efluentes e os seus pontos de confluência no rio da estação Si a Sg da zona industrial de Korba variaram entre 50 e 320 mg/l. Muitos trabalhadores, incluindo Murti et al (1965) (Trivedi 1979), Lucknow (Bhaskaran et al (1963), observaram uma CQO máxima na estação das chuvas e mínima em março.

A relação da CQO com a turbidez e a condutividade foi positiva em todos os locais, mas a correlação entre a CQO e a CBO foi negativa. A CQO da água do rio a montante aumentou depois de julho e continuou até janeiro.

O aumento da CQO após julho é atribuído à diminuição da água no rio. Os valores de CQO do rio a jusante
Os valores de CQO da água do rio Hasdeo a montante foram superiores aos da água do rio a jusante em todos os meses. Os valores de CQO a montante do rio Hasdeo variaram entre 20 e 32 mg/l e a jusante entre 30 e 64 mg/l. Os valores elevados de CQO na água do rio a jusante são atribuídos à mistura de efluentes através de um número de grandes e pequenos nallah e pequenos rios. Os valores da água do rio a jusante são comparáveis aos de Vaigai (Athappon et al 1992), mas superiores aos de muitos rios da Índia (Raina et al 1984, Shukla et al 1988, Badholiya 199 e Singh & Singh 1995).

A carência química de oxigénio para as águas residuais, determinada por Tripathi e Shukla (1991), Ray e Singh (1985) e Kanungo (1986), apresentou valores que, em geral, se aproximam dos valores obtidos no presente estudo para as estações de amostragem de efluentes. Alguns trabalhadores indianos obtiveram valores próximos dos valores de CQO atualmente observados para massas de água lênticas e lácticas.

Sulfato (SO4) -
Os teores totais de sulfato nos esgotos e efluentes flutuaram durante todo o ano em todos os locais de amostragem e em diferentes meses. Os valores variaram entre 18 e 94 mg/l. Os valores são comparáveis aos de Hoshngabad (Malviya 1990) e do vale de Vagai (Athappon et al 1992), enquanto Singh et al (1995) registaram valores baixos de sulfato nos efluentes de Ujjain; pelo contrário, muitos

investigadores registaram valores muito elevados de sulfato nos efluentes e na água do rio após a confluência com os efluentes (Vashisht e Shelkher 1983, Tripathi et al (1991).

No curso superior do rio Hasdeo em Korba, perto da aldeia de Lotiota, o teor de sulfato varia entre 36 e 70 mg/1 de julho a junho. O valor atual é comparável ao do Narmada de Hoshangabad (Malviya 1990). Pelo contrário, muitos investigadores registaram valores muito elevados (Anderson et al 1976). Os valores da água do rio a jusante revelaram um teor de sulfato de 46 a 72 mg/1. Os valores actuais são inferiores aos valores comunicados por Sikandar (1985), mas superiores aos do rio Varuna em Varanasi et al 1989).

4.3 RESULTADO

A concentração de metais pesados encontrada na água poluída do rio Hasdeo por efluentes industriais é -

Chumbo -

O chumbo e os compostos de chumbo são tóxicos para todas as formas de vida. O chumbo tende a depositar-se nos ossos como um veneno cumulativo. A concentração limite de chumbo na água potável, prescrita pela OMS, é de 0,1 mg/1. Vários municípios utilizam 0,1 mg/1 como norma.

O chumbo estava presente em 0,180 ppm a montante, 0,20 a meio e 0,25 a jusante. A montante, o valor dos metais pesados era baixo e a meio e a jusante o valor dos metais era elevado porque a confluência dos efluentes era elevada a meio e a jusante.

Cádmio (Cd) -

O cádmio tem um elevado potencial tóxico e quantidades mínimas de cádmio são responsáveis por alterações adversas nos rins humanos. O cádmio tende a concentrar-se na alavanca, nos rins, no pâncreas e no tiroide dos seres humanos e dos animais. Uma vez que entra no corpo, é provável que permaneça, as normas europeias da OMS para o cádmio na água de assistência é de 0,05 mg/1.

O cádmio estava presente em 0,01 ppm a montante, 0,04 a meio e 0,08 a jusante. A montante, o valor do metal pesado era baixo e a meio e a jusante o valor do metal era elevado, porque o efluente era elevado a meio e a jusante.

Crómio (Cr3+) -

Os sais de crómio conferem cor à água. O sal de crómio trivalente não é fisilologicamente nocivo. Há relatos de que grandes doses de sal de crómio hexavalente provocam efeitos corrosivos no trato intestinal e nefrite.

De acordo com as normas internacionais da OMS para a água potável, o limite obrigatório para o crómio hexavalente é de 0,05 mg/1.

O Cr^{3+} estava presente em 0,024 ppm a montante, 0,028 a meio e 0,08 a jusante. A montante, o valor do metal pesado era baixo e, a meio e a jusante, o valor do metal era elevado porque a confluência dos efluentes era elevada a meio e a jusante.

Cobre (Cu) -

Os sais de cobre ocorrem nas águas superficiais naturais apenas em quantidades vestigiais até cerca de 0,05 mg/l. A presença de cobre torna a água desagradável para o teste. Os limiares de concentração para o ensaio foram geralmente registados na gama de 1,0 a 2,0 mg/l de cobre.

O Cu estava presente na corrente ascendente 8,051 ppm, na corrente intermédia 10,52 e na corrente descendente 20,56. A montante, o valor do metal pesado era baixo e a meio e a jusante o valor do metal era elevado porque o efluente era elevado a meio e a jusante.

ZINCO (Zn) -

O zinco não tem qualquer efeito fisiológico adverso conhecido nos homens. De facto. É um elemento essencial e benéfico na nutrição humana. No entanto, por razões estéticas, é indesejável uma concentração elevada de zinco nas matérias domésticas. Concentrações de zinco superiores a 30 mg/l dão à água um aspeto leitoso e provocam uma película gordurosa ao ferver. Atualmente, é relatado que mesmo 5 mg/l pode causar uma película gordurosa ao ferver.

O Zn estava presente em 9,14 ppm a montante, 10,25 a meio e 25,26 a jusante. A montante o valor do metal pesado era baixo e a meio e a jusante o valor do metal era elevado porque a confluência do efluente era elevada a meio e a jusante.

FERRO (Fe) -

O Fe estava presente em 16,35 ppm a montante, 18,41 a meio e 21,33 a jusante. A montante, o valor do metal pesado era baixo e a meio da corrente o valor do metal era elevado porque a confluência do efluente era elevada a meio e a jusante.

CRÓMIO (Cr^{6+}) -

O Cr^{6+} estava presente no fluxo ascendente 0,002 ppm no fluxo médio 1,004 e no fluxo descendente 1,086. A montante, o valor do metal pesado era baixo e, a meio e a jusante, o valor do metal era elevado, porque a confluência dos efluentes era elevada a meio e a jusante.

MANGANÊS (Mn) -

O manganês é essencial para a nutrição das plantas e dos animais. A USPHS estabeleceu um limite de 0,05 mg/l para o manganês na água potável. De acordo com as normas internacionais da OMS (1963). O limite admissível para o manganês é de 0,1 mg/l e o limite excessivo é de 0,5 mg/l. Estes limites foram estabelecidos principalmente devido a considerações estéticas e económicas e não a riscos fisiológicos. No entanto, o manganês é indesejável no abastecimento doméstico de água, sobretudo na lavandaria.

O Mn estava presente a montante 0,00 ppm, a meio 22,10 e a jusante 23,16. A montante, o valor do metal pesado era baixo e a meio e a jusante o valor do metal era elevado porque a confluência do efluente era elevada a meio e a jusante.

Mercúrio (Hg) -

O mercúrio e os compostos mercúricos são considerados altamente tóxicos para o homem, os animais e a vida aquática. A concentração prolongada de mercúrio causa danos nos rins e diminuição do controlo muscular. A concentração máxima admissível de mercúrio na água potável, de acordo com as normas do ICMR, é de 0,001 mg/l.

O Hg estava presente em 0,02 ppm a montante, 1,20 a meio e 1,49 a jusante. A montante, o valor do metal pesado era baixo e, a meio, o valor do metal era elevado, porque a confluência dos efluentes era elevada a meio e a jusante.

Concentração de metais pesados em amostras de água recolhidas no rio Hasdeo em junho de 1997 (em ppm)

Metals	Up Stream	Middle Stream	Down Stream
Cr^{3+}	0.024	2.028	02.06
Cr^{3+}	0.002	1.004	01.086
Cu	8.051	10.062	26.56
Zn	9.14	10.25	25.26
Fe	16.35	18.41	21.33
Pb	2.03	3.80	4.36
Cd	0.01	0.04	0.08
Mn	0.0	22.10	23.16
Hg	0.02	1.20	1.49

DISCUSSÃO-

O cobre pode depositar-se em forma metálica em canos e tubos de caldeiras com a dissolução do ferro. Quantidades muito pequenas de cobre também atacam o alumínio, particularmente presente na água dura. Nas indústrias de conservação de alimentos, o cobre provoca reacções de cor indesejáveis.

reacções, formando tanatos e sulfuretos. Nos produtos lácteos, o cobre provoca sabores gordurosos, sórdidos e a peixe. O controlo estatal dos recursos hídricos estabeleceu a seguinte concentração limite de cobre para os utilizadores benéficos.

Abastecimento doméstico - 1,0 mg/1

Irrigação - 01 Mg/1

Água doce - 0,02 mg/1

Água do mar - 0,06 mg/1

Mesmo concentrações baixas (0,1 a 0,5 mg/1) de cobre são tóxicas para as bactérias e outros microrganismos e tais concentrações interferem com a autodepuração do fluxo e causam uma queda apreciável na CBO de 5 dias. A presença de 1 mg/1 de cobre diminui o CBO em cerca de 33%.

No presente estudo, o cobre foi detectado em todos os vapores do rio. Venkateson et al (1996) registaram baixas concentrações de Cu nos efluentes de Coimbatore. No entanto, um bom número de investigadores registou concentrações elevadas de Cu em Deli (Dakshini e Soni, 1979), Ludhana (Arora et al 1985), (Bhaskaran et al 1965), Lucknow (Bhaskaran e Chakraborty 1963), Culcutá (Adhikari et al 1993)/No entanto, no presente estudo, os teores de Cu foram detectados em concentrações elevadas. Foi também detectado um teor elevado em muitos rios da Índia (Datar e Jain 1990, Saikia et al 1986, e Kataria 1994).

Há relatos de que vestígios de chumbo em banhos de metalização afectam a suavidade e o brilho do depósito. Os sais inorgânicos de chumbo na água de irrigação podem ser tóxicos para as plantas. No exame das águas para várias utilizações benéficas, a sua ação sobre o chumbo é de grande importância.

O carácter da água é o parâmetro determinante da sua Plumbosolvência.

As águas naturais muito ácidas ou que contêm grandes quantidades de dióxido de carbono livre e que são pobres em bicarbonatos de cálcio e de magnésio são susceptíveis de dissolver quantidades significativas de chumbo. A matéria orgânica presente nas águas ácidas também aumenta a solvência do chumbo.

A concentração de chumbo na água do ribeiro 4,35 ppm em Hasdeo. Este é o valor máximo de chumbo em Korba Banerjee (1997). Mas é superior ao da cidade de Deli (Dakshini e Soni 1979), Amritsar (Singh et al 1985) e Vidisha (Datar et al 1990). Por outro lado, Adhikari et al (1993) registaram volumes muito elevados de chumbo nos efluentes de Calcutá. A concentração máxima de chumbo na água do rio a montante foi de 6,69 ppm, tendo sido registada uma concentração semelhante na água do Ganga (Israili 1992) e do rio Betwa (Datar et al 1990). No entanto, Sengupta et al (1988) registaram uma concentração mais baixa no rio Ganga, em Bengala Ocidental. A concentração de chumbo a jusante do rio não encontra explicação adequada para o facto. Howerver Kataria (1994) recomendou também a redução da concentração de chumbo no rio Betwa, respetivamente.

O cádmio foi detectado nos três locais do rio e o seu valor variava entre 10 e 23,16 ppm. Registaram-se valores baixos de Cd na cidade de Ludhiana (Arora et al 1985), em Amritsar (Singh et al 1985) e em Vidisha (Datar et al 1990). No entanto, também foram registados valores elevados em Varanasi (Tripathi et al 1984) e valores muito elevados em Culcutá (Adhikari et al 1993). No presente estudo, o rio Hasdeo pode ter valores semelhantes aos mencionados por Venkateson (1996). No entanto, muitos investigadores detectaram Cd em diferentes rios da Índia (Israili 1992, Saikia et al 1986 , Sengupta et al 1988).

O rio Hasdeo variou entre 0,002 e 2,086 ppm. Datar et al (1990) também registaram intervalos de variação semelhantes, enquanto Venkateson et al (1996) registaram o valor da torre de Cr em Coimbatore. No entanto, Adhikari et al (1993) em Culcutta e Ray & David (1966) em Kanpur registaram valores muito elevados de Cr no rio. A concentração de crómio no rio acima e abaixo foi Cr^{3+} variou de 10,24 a 2,08 e Cr^{6+} variou de 0,002 a 1,086 ppm. Israili (1992) registou uma maior concentração de Cr no Ganges.

O manganês estava presente em todos os três pontos de amostragem de 0,0 a 23,16 ppm, este valor está próximo do valor registado por Venkateson et al (1996) para Coimbtore, onde muitos investigadores relataram uma concentração mais elevada de Mn em diferentes cidades indianas (Arora et al 1985, Singh et al 1985, Das e Dash 1985), por outro lado, Adhikari et al (1993) relataram uma concentração muito elevada na cidade de Calcutá. A concentração de Mn no rio a montante e a jusante em Hadeo era baixa, tal como a do rio Ganga (Saikia 1996).

A presença de zinco na superfície é particularmente tóxica para os peixes e outros organismos aquáticos. Foi referido que a concentração de zinco em águas macias entre 0,1 e 1 mg/1 é letal para os peixes. O cálcio é antagónico a estes tóxicos.

O zinco foi detectado em todos os locais do rio Hasdeo. A concentração máxima foi de 0,14 ppm a 25,26 ppm. A gama de Hadeo Korba é superior à da cidade de Delhi (Dakshini e Soni 1979). Coimbatore (Venkateson et al 1996). No entanto, tem um valor inferior ao de Ludhiana (Arora et al 1985) Amritsar (Singh et al 1985). Vidisha (Datar et al 1990). O valor da concentração de Zn no rio Hasdeo é superior ao de muitos rios (Israili 1992. Saikia et al 1986, Sengupta et al 1988 e Datar et al (1992).

O controlo do ferro estava presente nos três locais do rio e variava entre 16,35 e 21,33 ppm. Os valores actuais são comparáveis com os valores da cidade de Coimbatore referidos por Venkatason et al (1996). No entanto, muitos investigadores relataram uma concentração mais elevada de Fe nos efluentes de diferentes locais da Índia (Arora et al 1985, Singh et al 1985, Tripathi et al 1986. A concentração de iões na água do rio a montante era baixa, mas aumentou para um nível mais elevado no rio a jusante. O aumento da concentração de ferro na água do rio a jusante é atribuído à mistura de efluentes industriais de Korba. O valor registado por Kumar para Song River Dooh villay é comparável ao valor de Korba. No entanto, foram registados valores mais elevados de concentração de Fe no rio Ganga (Israili 1992, Saikia et al 1986) e no rio Yamuna (Sangu et al 1984).

Assim, o valor do presnet não está dentro do limite de tolerância. O limite de tolerância para a água potável é de 0,001 mg/1 (Nicholson et al (1993)... O limite de tolerância para a água potável é de 0,001 mg/1 (OMS 1993). No presente estudo, foram observados valores mínimos de 0,02 a 1,49 mg/1. Assim, a água do rio Hasdeo não está dentro dos limites prescritos para a água potável. Por conseguinte, a água do rio Hasdeo é nociva para o consumo humano.

No presente estudo, procurou-se estudar as caraterísticas físico-químicas e a concentração de metais pesados nos efluentes industriais da água do rio Hasdeo em diferentes estações de amostragem. As amostras de efluentes foram recolhidas em oito drenos diferentes antes de serem lançadas no rio Hasdeo. As amostras de água do rio após a confluência foram recolhidas do rio em diferentes estações de amostragem. Consistiam em amostras antes e depois da confluência das descargas no rio Hasdeo. As partes a montante, a meio e a jusante do rio. O rio Hasdeo foi objeto de análises físico-químicas.

Os pormenores da observação descrita nas páginas anteriores são resumidos da seguinte forma

(1)   Os efluentes industriais que correm através de canais abertos foram objeto de amostragem uma vez por mês na zona industrial de Korba.

(2)   As amostras de água confluente foram recolhidas uma vez por mês em diferentes estações de amostragem na margem do rio Hasdeo.

(3)   Foram selecionadas oito estações de amostragem para o estudo de efluentes industriais de diferentes indústrias, como NTPC, BCPP, MPEB e BALCO.

(4)   Foram selecionadas nove estações de amostragem do rio Hasdeo para o estudo físico-químico da água. Inclui-se a montante, a meio e a jusante do rio Hasdeo.

(5)   Os efluentes industriais e as amostras de água do rio Hasdeo foram recolhidos em dezassete estações de amostragem em Korba. Foram analisados mensalmente os dados físico-químicos, ou seja, aspeto, odor, pH, sólidos totais, sólidos dissolvidos, sólidos em suspensão, azoto amoniacal, azoto nítrico, azoto nitrito, fosfato, cloreto, sulfato, alcalinidade, dureza total, dureza de cálcio e manganésio, carência biológica de oxigénio, carência química de oxigénio, carência química de oxigénio. Dureza total, dureza de cálcio e manganésio, carência biológica de oxigénio, carência química de oxigénio.

(6)   A análise química de certos metais pesados, ou seja, crómio, chumbo, ferro, manganês, mercúrio, cádmio. O cobre, o zinco e o selénio foram analisados apenas uma vez na água do rio recolhida em diferentes estações de amostragem.

(7)   O aspeto dos efluentes depende de muitos factores, tais como a temperatura, os gases dissolvidos como o sulfureto de hidrogénio, as impurezas e os microrganismos. Na investigação, nas estações Si a S4, observou-se que a água era quase turva ou ligeiramente

turva; na estação S9, que é a estação de início da corrente ascendente, a água do rio era quase límpida durante todo o ano. Posteriormente, na região a jusante do rio, de S10 a Si7, verificou-se um aspeto misto de ligeira turvação e turvação em algumas estações. Também se observou um ligeiro carácter lamacento.

(8)   O odor dos efluentes depende das indústrias e dos seus tratamentos químicos antes de serem descarregados. Em quase todas as estações de observação, os efluentes foram considerados inodoros, exceto nas estações S6 e S8, nos meses de janeiro, fevereiro e março. Onde eram ligeiramente desagradáveis e mais desagradáveis.

(9)   O pH dos efluentes industriais variou entre 6,68 e 11,22. O pH da água do rio variou entre 7,11 e 8,28.

(10)   A alcalinidade dos efluentes industriais em diferentes locais foi muito elevada durante todo o ano e variou entre 69 e 110 mg/1, enquanto que na água do rio variou entre 30 e 140 mg/1.

(11)   Os valores da carência biológica de oxigénio nos efluentes industriais foram de 5 mg/1 28 mg/1 em diferentes meses. Os valores foram baixos na estação das chuvas e elevados nos meses seguintes. A CBO da água do rio a montante variou entre 1,2 mg/1 e 3 mg/1 e um mínimo de 1,8 a 3,8 mg/1, ao passo que na água do rio a jusante aumentou continuamente de um mínimo de 1,2 mg/1 em maio para um máximo de 28 mg/1 em setembro.

(12)   O valor da carência química de oxigénio da água efluente oscilou entre 20 e 320 mg/1. Os valores de CQO de muitos locais foram mais elevados na estação das chuvas do que no inverno e no verão. Os valores de CQO da água do rio a montante aumentaram continuamente de 20 a 30 mg/1 e de 30 a 64 mg/1 a jusante. Os valores de COD aumentaram de agosto a dezembro e atingiram os valores mínimos de 20 mg/1 em junho e o máximo de 320 mg/1 em setembro.

(13)   O teor de cloreto do efluente variou entre 9 e 125 mg/1 e oscilou ao longo de todo o ano. O valor de cloreto da água do rio a montante foi analisado entre 7 e 12 mg/1 e o de 11 a 17 mg/1 na estação de amostragem a jusante em todos os meses.

(14)   A dureza total do efluente flutuou durante todo o ano e a gama de flutuações situou-se entre 24 e 130 mg/1. Os valores de dureza total da água do rio a montante foram inferiores aos da água do rio a jusante em todos os meses. Aumentou de um mínimo de 24 mg/1 em junho para um máximo de 130 mg/1 em fevereiro. Aumentou de um mínimo de 24 mg/1 para um máximo de 84 mg/1 a montante, enquanto que a jusante aumentou de um mínimo de 38 mg/1 para um máximo de 120 mg/1.

(15)   A dureza cálcica do efluente variou entre 10 e 80 mg/1, enquanto a da água do rio variou entre 10 e 88 mg/1. Aumentou de um mínimo de 10 mg/1 para um máximo de 66 mg/1 a montante, enquanto a jusante aumentou de um mínimo de 30 mg/1 para um máximo de 80

mg/l.

(16)   A dureza do magnésio do efluente variou entre 2 e 82 mg/l, enquanto a da água do rio variou entre 4 e 40 mg/l. Aumentou de um mínimo de 10 mg/l para um máximo de 28 mg/l a montante, enquanto a jusante aumentou de um mínimo de 8 mg/l para um máximo de 40 mg/l

(17)   O teor de azoto nitrato no efluente variou entre 0,12 e 1,7 mg/l, enquanto na água do rio variou entre 0,4 e 2,6 mg/l. Aumentou de um mínimo de 0,4 mg/l para um máximo de 1,4 mg/l a montante, enquanto a jusante aumentou de um mínimo de 0,4 mg/l para um máximo de 1,0 mg/l.

(18)   O teor de azoto nitrito no efluente variou entre 0,02 e 0,72 mg/l, enquanto na água do rio variou entre 0,02 e 0,60 mg/l. Aumentou de um mínimo de 0,02 mg/l para um máximo de 0,46 mg/l a montante, enquanto a jusante aumentou de um mínimo de 0,00 mg/l para um máximo de 0,60 mg/l.

(19)   O valor do fosfato situava-se entre 0,03 e 1,8 mg/l no efluente e 0,03 e 1,8 mg/l nas estações de água do rio. Aumentou de um mínimo de 0,04 mg/l para um máximo de 1,60 mg/l a montante, enquanto que a jusante aumentou de um mínimo de 0,06 mg/l para um máximo de 1,2 mg/l.

(20)   Sulfato, o valor do fosfato situava-se entre 30 e 80 mg/l no efluente e 18 e 94 mg/l na água do rio. Aumentou de um mínimo de 36 mg/l para um máximo de 70 mg/l a montante, enquanto a jusante aumentou de um mínimo de 46 mg/l para um máximo de 72 mg/l.

(21)   Os sólidos totais do efluente variaram entre 135 e 1300 mg/l, enquanto na água do rio variaram entre 161 e 760 mg/l. Aumentaram de um mínimo de 135 mg/l para um máximo de 865 mg/l a montante, enquanto a jusante aumentaram de um mínimo de 231 mg/l para um máximo de 498 mg/l.

(22)   Os sólidos totais dissolvidos do efluente variaram entre 107 e 975 mg/l e entre 73 e 1200 mg/l na água do rio. Aumentou de um mínimo de 102 mg/l para um máximo de 589 mg/l a montante, enquanto a jusante aumentou de um mínimo de 180 mg/l para um máximo de 430 mg/l.

(23)   O total de sólidos suspensos do efluente variou entre 20 e 584 mg/l e a água do rio branco variou entre 33 e 925 mg/l. Aumentou de um mínimo de 20 mg/l para um máximo de 276 mg/l a montante, enquanto a jusante aumentou de um mínimo de 54 mg/l para um máximo de 350 mg/l.

(24)   A concentração de azoto amoniacal no efluente foi de 0,2 a 7,3 mg/l, enquanto que na água do rio foi de 0,5 a 3,17 mg/l. Aumentou de um mínimo de 0,5 mg/l para um máximo de 1,4 mg/l a montante, enquanto que a jusante aumentou de um mínimo de 1,0 mg/l para um

máximo de 1,3 mg/1.

(25) A gama de concentração de metais pesados (gm/1) na água do rio a montante tem Cu 8,05, Fe 16,35, Pb 2,03, Cd 0,01, Cr^{3+} 0,024, Cr^{6+} 0,002, Zn 9,14, Mn 0,0, Hg 0,02.

(26) A gama de concentração de metais pesados (gm/1) na água do rio a jusante tem Cu 26,56, Fe 21,33, Pb 4,35, Cd 0,08, Cr^3 * 2,08, Cr^{6+} 1,08, Zn 25,26, Mn 23,16, Hg 1,49.

CAPÍTULO 6

CONCLUSÃO

Ao analisar os resultados dos parâmetros físico-químicos acima referidos que foram estudados no rio Hasdeo e o efeito dos efluentes industriais nos seus pontos de confluência a jusante, conclui-se que as estações de monitorização situadas a montante do rio têm valores abaixo do limite em comparação com a jusante.

Por fim, conclui-se que os parâmetros físico-químicos do rio Hasdeo, quando comparados com as normas IS:2296 ou com as normas da OMS para a água potável, são superiores aos dos efluentes industriais. Os efluentes industriais eram superiores à qualidade da água do rio a montante.

Por conseguinte, a densidade da carga de poluentes da água indica que a qualidade da água a jusante do rio Hasdeo não é adequada para beber nem para tomar banho sem qualquer tratamento satisfatório, devido ao aumento dos valores de sólidos suspensos. Carência bioquímica de oxigénio (CBO). Carência química de oxigénio (CQO).

CAPÍTULO 7
REFERÊNCIAS

A. Potmiah Raju, Dr. N. Chandrasekar, S. Saravanan. 2012. Análise espacial da investigação da qualidade da água subterrânea em North Chennai, Tamilnadu, Índia. *Jornal Internacional de Pesquisa em Água.* 1(1): 1- 6.

A. Q. Dar, Saima Showkat e Saqib Gulzar. 2014. Análise de tendências e avaliação espacial de vários parâmetros de qualidade da água do rio Jehlum, J & K, Índia para um programa inclusivo de monitoramento da qualidade da água. *Jornal IOSR de Engenharia Mecânica e Civil.* 51-58.

Ahmad I. Khwakaram, Salih N. Majid e Nzar Y. Hama. 2012. Determinação do Índice de Qualidade da Água para o riacho Qalyasan na cidade de Sulaimani / Região do Curdistão do Iraque. *IJPAES.* 2(4): 148-157. Ali Behmanesh e Yaser Feizabadi. 2013. Índice de qualidade da água do rio Babolrood em Mazandaran, Irão. *Inti J Agri Crop Sci.* 5(19): 2285-2292.

American water works association (1990) Water quality and treatment, 4 th Ed., Denver : AWWA.

APHA (1974). <u>Standard method for the examination of water and waste water</u>. Associação Americana de Saúde Pública, Nova Iorque.

Ambasht, R.S. e Tripathi, B.D. (1978) : Avaliação dos efluentes de uma fábrica de produtos químicos e fertilizantes para irrigação de terras agrícolas. J. Sci. Res. Banaras Hindu University. Vamaasi. 22 (1): 83-87.

Aturamu, Adeyinka Oluyemi. 2012. Análises físicas, químicas e bacterianas de águas subterrâneas em

Município de Ikere, Sudoeste da Nigéria. *Revista Internacional de Ciência e Tecnologia.* 2(5): 301-308.

Aziz Ahmed, tarique Mahmood Noonari, Habibullah Magsi e Amanullah Mahar. 2013. Risk Assessment of Total and Faecal Coliform Bacteria from Drinking water Supply of Badin city Pakistan. *Jornal de Profissionais do Ambiente do Sri Lanka.* 2(1): 52- 64.

APHA-AWWA e WPCF (1985). Métodos padrão para o exame da água e das águas residuais, <u>16th</u> <u>Edn. Amer Publ. Helth, Assoc, Inc.</u> Nova Iorque.

APHA-AWWA-WPCF (1981). Standard methods for the examination of water and waste water (15 Ed.) <u>American Public Health Association.</u> Weshington D.C.

Bhargava, D.S. (1977), Water quality in three typical rivers in U.P. Ganga, Yamuna and Kali. <u>Tese de doutoramento, I.I.T. Kanpur.</u>

Bharti N, Katyal. D . 2011. Índices de qualidade da água utilizados para a avaliação da vulnerabilidade das águas superficiais. *Jornal Internacional de Ciências do Ambiente.* 2(1): 154-173.

Bharti Saini e Pradeep Kumar. 2012. Avaliação da qualidade das águas subterrâneas do Campus IIT Roorkee. *J Chern. Bio. Phy. Sci.* 2(4):2241-2246.

Bowess, H.J.M. (1979). Env, Chem, dos elementos. <u>Acad Press.</u> Londres.

Basu, A.K. (1966). Estudos sobre os efluentes da fábrica de papel e o seu papel na introdução de alterações físico-químicas em vários pontos de descarga no estuário de Hoodhly. <u>India J. Instn. Engr.</u> <u>India 46</u> (10): 108-16.

Banerjee, S. e Motwani, M.P. (1960). Algumas observações sobre a poluição do riacho suvaon pelos efluentes de uma fábrica de açúcar, Balrampur (U.P.). <u>Indian Journal of Fisheries 7</u> (1): 107-128.

Unidade Central de Planeamento da Água (1976). Analysis of Trands in Public Water Supply, Reading : CWPU.

Zajic, J.E. (1971). Water pollution disposal and reuse, Marcel Dekkar, INC, Nova Iorque.

Ciaccio Leonard, L. (1971). Water and water pollution hand book, Vol.-I Marcel Dekker, INC, New York.

Coup, T.R. (1963). Water and it's impurities, Renhald Publishing Corporation, Chapman and Hall Limited, Londres.

Cropper, M.L. e Oates, W.E. (1992), Environmental Economics: A survey <u>Journal of Economic</u> <u>Literature.</u> 30 de junho: 675-740.

Chartered Institution of water and Environmental Management. Handbooks of U.K. waste water practice. Londres: CIWEM. Lamas de depuração: utilização e eliminação (1996).

David. A. (1956b). Estudos sobre a poluição das pescarias do rio Bhadra em Bhadravati (estado de Mysor) com efluentes industriais. <u>Proc. Nat. Sci. Acad. 22</u> (3): 132-160.

Deshmukh, S.B.; Phadke, N.S. e Kothandaramann, V. (1964). Caraterísticas físico-químicas da água do rio Kanhan, cidade de Nagpur. <u>E.H.6</u> (3): 181-183.

Dhaneshwar, R.S.; Rajgopalan, A.K; Basu e Rao, C.S.G. (1970). Charaeateristics of wastes from pulp and paper mills in the Hooghly estuary. Indian J. Environ. Hits, 12 : 9-23.

David, A e Ray, P. (1966). Studies on the pollution of the river Dara (N.Bihar) by sugar and distillery wastes. <u>Indian J. Environ. Health. 8</u> (1): 6-35.

Datar, M.D., Jain, K.C. e Vashishtha, R.P. (1990). Distribuição de metais pesados na água do rio Betwa. In: <u>River pollution in India.</u> R.K. Trivedy (Ed.) Ashish Publishing House, New Delhi 179-187.

D. K. Pandey, S. Biswas, R. Sharma e C. S. Meshram. 2012. Análise dos parâmetros de qualidade da água subterrânea e superficial na área industrial de Siltara, Raipur, Chhattisgarh, Índia. *IJCMST*. 2(1): 1-8.

. D. Senthil Kumar, P. Satheeshkumar e P. Gopalakrishnan. 2011. Avaliação da qualidade da água subterrânea na área irrigada por efluentes de fábricas de papel - usando análise estatística multivariada. *World Appl. Sci. J.* 13(4): 829-836.

Das N. C. 2013. Caraterísticas físico-químicas de amostras selecionadas de águas subterrâneas da cidade de Ballarpur do distrito de Chandrapur Maharashtra, Índia. *Int. Res. J. Environment Sci.* 2(11): 96-100.

Deepshikha Sharma e Arun Kansal. 2011. Análise da qualidade da água do rio Yamuna utilizando o índice de qualidade da água no território da capital nacional, Índia. *Appl Water Sci.* 1:147-157.

Datar, M.D. e Vashishtha, R.P. (1992). Aspectos físico-químicos da poluição do rio Betwa. Indian J. Environ Prot. 12 (B) : 577-580.

Emmanuel Bernard e Nurudeen Ayeni. 2012. Análise físico-química de amostras de água subterrânea da área do Governo Local de Bichi do Estado de Kano da Nigéria. *Arpn Journal of Science and Technology.* 2: 325-332.

. Er. Srikanth Satish Kumar Darapu, Er. B. Sudhakar, Dr. K. Siva Rama Krishna, Dr. P. Vasudeva Rao e Dr. M. Chandrasekhar. 2005. Determinação do índice de qualidade da água para a avaliação da qualidade da água do rio Godavari. *IJERA.* 1(2): 174-182.

Erihsen Jones, J.R. (1964). Fish and River pollution, Butler Worthes, Londres.

Edwin Windle Taylor (1949). The examination of waters and water supplies. Sexta edição, J & A Churchil Ltd., Londres.

Esrey, S.A.; Patash, J.B.; Roberts, L. e Shiff, C. (1991). Effects of improved water supply and sanitation on ascariasis. Boletim da Organização Mundial de Saúde 69 (5) : 609- 21.

. Frederick A. Armah, Isaac Luginaah e Benjamin Ason. 2012. Índice de qualidade da água na área de mineração de ouro de Tarkwa, no Gana. *O Jornal de Estudos Ambientais Transdisciplinares.* 11(2).

Goety, C.A.; Loomis, TC. E Diehl, H. (1950). Total hardness in water. Anal. Chem. 22 : 798.

Ganapati, S.V. e Alikunhi. K.H. (1950). Efluentes da fábrica de Mettur. Chemical & Industrial Corporation Ltd., Mettur Dam, Madras e os seus efeitos poluentes nos peixes do rio Covery. Proc. Net. Inst. Sci. India. 16 (3).

Ganpati, S.V. e Chacko, P.I. (1951). Uma investigação sobre o rio Godavari e os efeitos da poluição das fábricas de papel em Rajahmundry. Proc. Indo-Pac. Conselho de Peixes. Reunião de Madras SE. II e III. 70.

Goutam Bala e Ambarish Mukherjee. 2010. Índice de qualidade da água de algumas zonas húmidas no distrito de Nadia, Bengala Ocidental, Índia. International *Journal of Lakes and Rivers.* 4(1): 21-26.

Hector Rubio- Arias, Manuel Contreras-Caraveo, Rey Manuel Quintana, Ruben Alfonso Saucedo-Teran e Adan Pinales- Munguia. 2012. Um índice geral de qualidade da água para um reservatório aquático feito pelo homem no México. *Int. J. Environ Res. Public Health.* 9: 1687- 1698.

Hall. T. e Hyde. R.A. (1992). Processador e práticas de tratamento de água. Swindon. WRC.

Hammerton, D. (1996). Uma introdução à qualidade da água no rio. Coastal waters and estuaries.

London. CIWEM.

Halden, W.S. (ed.) (1970). Water treatment and examination. Londres: Churchill.

Hanumanula, V e Subramayam, P.V.R. (1976). Planeamento de medidas centrais de poluição da água para um seminário integrado de fábricas de pasta e papel da kroft sobre engenharia ambiental Reunião Anual da IPPTA.

. Hemant Pathak. 2012. Avaliação da qualidade físico-química das águas subterrâneas por análise multivariada em algumas aldeias populosas perto da cidade de Sagar, MP, Índia. *J Environ Anal Toxicol.* 2(5): 1-5.

Ingole, S.A. e Dhaktode. S.S. (1990). Estudos de poluição do estuário do rio Amba: um estudo comparativo. In: River Pollution in India. R.K. Trivedi (Ed.) Ashish Publ. House, New Delhi, pp. 237-253. de poluição no rio Betwa. Indian J. Environ Prot. 12 (B) : 577- 580.

Conselho Indiano de Investigação Médica, Índia. Ministério da Saúde, Comité de Engenharia de Saúde Pública, manual e código de práticas, 1962. Manual de abastecimento de água. New Delhi.

ICMR (1975). Manual de qualidade para o abastecimento de água potável, Índia. Conselho de Investigação Médica, Nova Deli, 2nd Ed.

Indian Standards Institution (1964). Métodos de amostragem e ensaio (físico e químico) da água utilizada na indústria. IS 3025.

Jack Edward Mckee e Harold, W. Wolf (1963). Water quality criteria. Segunda edição. Publicação nº 3-A. Agência de Recursos da Califórnia, Conselho de Controlo dos Recursos Hídricos do Estado, Califórnia.

. J. Yisa e T. Jimoh. 2010. Estudos analíticos sobre o índice de qualidade da água do rio Landzu. *Am. J. AppliedSci.* 7(4): 453-458.

K. Ambiga, Dr. R. Anna Durai. 2013. Utilização do sistema de informação geográfica e do índice de qualidade da água na área de Ranipet e arredores do distrito de Vellore, Tamilnadu. *Int. J. Adv. Engg. Res. Studies.* 73- 80.

K. Mophin-Kani e A. G. Murugesan. 2011. Avaliação e classificação da qualidade da água do rio perene Tamirabarani através da agregação do índice de qualidade da água. *UEP.* 1(5): 24-33.

K. Saravanakumar e R. Ranjith Kumar. 2011. Análise dos parâmetros de qualidade da água subterrânea perto da área industrial de Ambattur, Tamil Nadu, Índia. *Jornal Indiano de Ciência e Tecnologia.* 4(5): 660-662.

K. Yogendra e E. T. Puttaiah. 2008. Determinação do índice de qualidade da água e adequação de uma massa de água urbana na cidade de Shimoga, Karnataka. *Conferências Mundiais de Lagos.* 342-346.

Kavita Parmar e Vineeta Parmar. 2010. Avaliação do índice de qualidade da água para fins de consumo do rio Subemarekha no distrito de Singhbhum. *Revista Internacional de Ciências do*

Ambiente. 1(1): 77-81.

Khatavakar, S.D. and Trivedi, R. K. (1992), Water quality parameters of river panchganaga near Kolthapur and Ichalkaranji, Maharastra, India. J. Eco. Toxicol. Environ. Monit. 2 (2) : 113-118.

Kumar, O. (1995). Estudos sobre a qualidade da água do rio Song na floresta oriental do vale de Doon. Indian J. Environmental Protection 15 (2) : 111-114.

Kumar Naresh, Singh Ankusha e Sharma Priya. 2013. Estudar as propriedades físico-químicas e o exame bacteriológico da água termal da região de Vashisht no Distrito. Kullu de HP, Índia. *Int. Res. J. Environment Sci.* 2(8): 28-31.

Ley, J.B. (1941). Poluição da água. Abs. 14 (out.) 1941.

Levis Klein (1967). River pollution, II- causes and Effects. Butter Worthes, Londres.

Lester, W.F. (1969). Norma baseada na qualidade da água recetora. J. Water Pollution Control 68 (3): 324-332.

Mahesh Kumar Akkaraboyina e B. S. N. Raju. 2012. Avaliação do Índice de Qualidade da Água do Rio Godavari em Rajahmundry. *Revista Universal de Investigação e Tecnologia Ambiental.* 2(3): 161-167.

Mangukiya Rupal, Bhattacharya Tanushree e Chakraborty Sukalyan. 2012. Caracterização da qualidade da água subterrânea usando o índice de qualidade da água na cidade de Surat, Gujarat, Índia. *Int. Res. J. Environment Sci.* 1(4): 14-23.

Manoj Kumar Ghosh, Sanjay Ghosh e Raju Tiwari. 2013. Um estudo de avaliação do índice de qualidade da água subterrânea e da água da lagoa na aldeia de Srisakala de Bhilai-3, Chhattisgarh, Índia. *IJCSEIERD.* 3(5): 63-74.

Mohamed hanipha M. e Zahir Hussain A. 2013. Estudo da qualidade da água subterrânea em Dindigul Town Tamilnadu, Índia. *Int. Res. J. Environment Sci.* 2(1): 68-73.

Mishra, P.C. : Dash, M.C. e Kar, G.K. (1990). Estudos de poluição no rio Ib. caraterísticas físico-químicas. In: River Pollution in India.(Ed.) R.K. Trivedy, Ashish Publ. House New Delhi.

Mishra, S.G. e Mani, D. (1993). Distribuição em profundidade de metais pesados em esgotos: solos irrigados com lamas da quinta experimental do Instituto Sheila Dhar. Ind. J. Environ. Prot. 13 (5): 371-373.

Motwani. M.P.; Baneijee, S. e Karanchandani, S.J. (1956). Observações sobre a poluição do rio Sone pelos efluentes da indústria de Rohtes. Dalmia Nagar, Bihar Ind. J. Fish. 3 (2) : 334-367.

Murty, Y.S.: Seth, G.K. e Shinvasan, T.K. (1966), Studies on the waste disposal problem of Andhra Paper Mills, Rajahmundry. Environ Hlth. Vol. VII: 27-23.

Mekee, J.E.; Wolf, H.W. (1963), Water Iquality criteria. Publicação No.3a. Agência de Recursos da Califórnia, Califórnia.

Malviya, Shobha (1990). Impacto ecológico da eliminação de esgotos e efluentes no rio Narmada em Hshangabad. Tese de doutoramento. Dr. Hari Singh Gour Vishwavidyalya. Sagar.

Mohammad Mehdi Heydari, Ali Abasi, Seyed Mohammad Rohani e Seyed Mohammad Ali Hosseini. 2013. Estudo de Correlação e Análise de Regressão da Qualidade da Água Potável na Cidade de Kashan, Irão. *Revista de Investigação Científica do Médio Oriente*. 13(9):1238-1244.

Nicholson,N. (1993). Uma introdução à qualidade da água potável. Londres: CIWER.

Nakade D. B. 2013. Avaliação da qualidade bacteriológica da água na cidade de Kolhapur de Maharashtra, Índia. *Int. Res. J. Environment Sci*. 2(2): 63-65.

Autoridade Nacional de Reversão (1995). Poupar água, Bristd., NRA.

Autoridade Nacional dos Rios (1994). Água - recurso precioso da natureza. Londres: HMSO.

Office of Water Services (1996). Relatório sobre os padrões recentes da procura de água em Inglaterra e no País de Gales. Birmingham : OFWAT.

Powell, S.T. (1976). Quality of water, in Hand book of Applied hydrology. Ed. por V.T. Chaw (1964); Stroeder, Edword D., Walet and Waste water treatment (1976).

Patharya, J.P. e Malviya. S. (1989). Pollution of the Narmada river at Hoshangabad in Madhya Pradesh and Suggested measures for control. Ecological and Pollution of Indian Rivers. 55-85.

Palaria, S. e Rana, B.C. (1985). Estudos ecológicos da poluição de um rio por resíduos de tinturaria e de fábricas têxteis. Comp. Physiol. Ecol. 10 : 235-37.

Painter, N.A. (1971). Caraterísticas químicas, físicas e biológicas dos resíduos e efluentes. In: Água e poluição da água. Ed. 329-364. Marcel Dekker, Inc., Nova Iorque.

Parihar S.S., Kumar Ajit, Kumar Ajay, Gupta R.N., Pathak Manoj, Shrivastav Archana e Pandey A.C. 2012. Análise físico-química e microbiológica da água subterrânea na cidade de Gwalior e arredores, MP, Índia. *Jornal de Investigação de Ciências Recentes*. 1(6):62-65.

Patil P.N. Sawant. D.V, Deshmukh. R.N. 2012. Parâmetros físico-químicos para testar a água - Uma revisão. *Revista Internacional de Ciências do Ambiente*. 3(3): 1194-1207.

Pradyusa Samantray, Basanta K. Mishra, Chitta R. Panda e Swoyam P. Rout. 2009. Avaliação do Índice de Qualidade da Água nos Rios Mahandi e Atharabanki e no Canal Taldanda na área de Paradip. *J HumEcol*. 26(3): 153-161.

Pramisha Shama, Amit Dubey e S. K. Chatterjee. 2013. Análise físico-química das águas superficiais e subterrâneas do bloco de Abhanpur no distrito de Raipur, Chhattisgarh, Índia. *IJITEE*. 2(5): 71-74.

Pushpendra Singh Bundela, Anjana Shanna, Akhilesh Kumar Pandey, Priyanka pandey e Abhishek Kumar Awasthi. 2012. Análise físico-química das águas subterrâneas perto de locais de despejo de resíduos sólidos municipais em Jabalpur. *IJPAES*. 2(1): 217-222.

Rhoades. J. (1997). An introduction to industrial waste water treatment and control. Londres: CIWEM.

Comissão Real sobre a eliminação de esgotos (1912). 8th Relatório, Vol. It, Apêndice PL. II. Secção 6. pp. 132 e 6943, HMSO, Londres.

Raina, V.; Shah, A.R. e Ahmed Shakto, R. (1984). Estudos de poluição sobre a qualidade da água. Indian Jr. Environ. Hlth. 26 (3) : 300-302.

Rishi, V. (1983). Ecologia do riacho da área de captação de Doodh Ganga. Tese de doutoramento, Universidade de Caxemira.

Rajgopalan, S.; Basu, A.K. Dhaneshwar, R.S. e Rao, C.S.G. (1970). Poluição do rio Subamarekha em Perchi: A survery. Env, Hlth. 12. : 246-259.

Ramarao, S.V.; Singh, V.P.; Mali, L.P. (1978). Estudos de poluição no rio Khan (Indore) Índia. Biological Assessment of Pollution Water Research 12: 555-560.

Raina, V.; Shah, A.R. e Shkti, R.; Ahmed, R. (1984), Pollution studies on river 37.

Rizwan Ullah, Riffat Naseem Malik e abdul Qadir. 2009. Avaliação da contaminação das águas subterrâneas numa cidade industrial, Sialkot, Paquistão. *Afr. J. Environ. Sci. Technol.* 3(12): 429-446.

Rumman Mowla Chowdhury, Sardar Yafee Muntasir e M. Monowar Hossain. 2012. Índice de qualidade da água das massas de água ao longo da estrada Faridpur-Barisal no Bangladesh. *Global Engineers and Technologists Review.* 2(3): 1-8.

Jhelum -1: An assessment of water quality, Indian J. Environ. Hlth. 26 : 187-201.

Ray, P; Singh, S.B. e Sehgal, K.L. (1966). A study of some aspects of ecology of the river Yamuna and Ganga¡at Allahabad (U.P.) in : 1958-59. Proc. Natn. Acad. Sci. India. B 36 (3) : 235-72.

Rao. S.V.R.; Singh, V.P. e Mall, L.P. (1978). Biological methods for monitoring water pollution levels studies for monitoring water pollution levels studies at Ujjaein. Glimpses of Ecology. Prof. R. Mishra, volume de comemoração. Anúncios. J.S. Singh, B. Gopal, pp. 341-348, Publicações Científicas Internacionais, Jaipur, Índia.

Schmassmann, H. (1949). Poluição das águas. ABS, 22 de maio de 1949.

Saxena, K.L; Gadgil, J.S. e Makhijani. S.D. (1979). Caraterísticas físico-químicas e de regulação das águas residuais de uma fábrica de papel à base de papel e palha. Indian J. Environ. Hlth. Vol. 21 (3): 205-215.

Saxena, P.N.; Tiwari, A e Khan, M.A. (1974). Effect of Analystis nidulans on the physic-chemical and biological characteristics' of raw sewage. Proc. Congresso Científico Indiano. No. X

Sastry, C.A.; Khare, G.K. e Rao, A.V. (1972). Problemas de poluição da água em Madhya Pradesh. Indian J. Envron. Hlth. 14 (4): 297-309.

Saxena, K.K. e Chouhan, R.R.S. (1993). Aspectos físico-químicos da poluição do rio Yamuna em Agra. Polln. Res. 12 (2) : 101-104

Sehgal, J.R. e Siddiqui, R.H. (1969). Caracterização das águas residuais da cidade de Kanpur. Env.

Hlth. 11 : 95-107.

Sarkar, R. e Krishnamoorthi. K.P. (1977). Métodos biológicos para monitorizar o nível de poluição da água em Nagpur. E.H. 19 (2): 132-139.

S. Arul Antony, M. Balakrishnan e R. K. Natarajan. 2008. Um estudo de correlação da qualidade da água subterrânea na região industrial de Manali Petroleum em TamilNadu, Índia. *Revista indiana de ciência e tecnologia.* 1(6): 1-11.

T. Mumtazuddin, A.K. Azad, Rahila Fridaus e Amrita Kumari. 2012. Avaliação da qualidade da água em algumas amostras de água subterrânea ao longo do cinturão Budhi Gandak do bloco Konti no distrito de Muzaffarpur durante a estação pós-monção. *J. Chem. Bio. Phy. Sci.* 3(1): 605-611.

S.C. Hiremath, M. S. Yadawe, U.S. Pujeri, D.M. Hiremath e A.S. Pujar. 2011. Análise físico-química das águas subterrâneas na área municipal de Bijapur (Karnataka). *Current World Environment.* 6(2): 265-269.

shinde Deepak e Ningwal Uday Singh. 2013. Índice de qualidade da água para as águas subterrâneas (GWQI) de Dhar Town MP, Índia. *Int. Res. J. Environment Sci.* 2(11): 72-77.

Singh Dhanesh e Jangde Ashok Kumar. 2013. Estudos de parâmetros físico-químicos do rio Belgirinalla, CG, Índia. *Int. Res. J. Environment Sci.* 2(3): 41-45.

Srinivas J., Purushotham A.V. e Murali Krishna K.V.S.G. 2013. Determinação do Índice de Qualidade da Água na Área Industrial de Kakinada, Andhra Pradesh, Índia. *Revista Internacional de Investigação em Ciências do Ambiente.* 2(5): 37-45.

Singh. T.N. e Singh. S.N. (1995). Impacto dos varuns do rio na qualidade da água do rio Ganga em Varanasi. Indian J. Environ. Hlth. 37 (4): 272-277

Siva Kumar, A.A.; Lekshmanswamy, M. e Juliet, R.G. (1990) : Estudos sobre a qualidade da água do rio Bhavani, Tamilnadu. Ele. J.Env.Zool.4 : 135-139.

Shrivastava, R.K.; Forgo, W.S.; Sai, V.S. e Mathur, K.C. (1988). Qualidade da água ao longo do rio Son poluído pela fábrica de papel orient. Water Air and Soil pollution. 39 : 75-80.

Sundarajan, K.S.; Rathinavel.S. e Rajendran, S. (1993). Estudo das caraterísticas físico-químicas das águas residuais tratadas e não tratadas na estação de tratamento de águas residuais de Avaniyapuram. Proc. Acad. Environ. Biol. 2 (2) : 229-231.

Sangu, R.P.S.; Pathak P.D. e Sharma, K.D. (1984). Monitorização da água do rio Yamuna em Agra. R.S. Ambasht e B.D. Tripathi (Eds.) 39-45.

Sawyer, C.N. e Me Carty, P.L. (1978). Química ambiental para engenheiros. 3rd Edn. Nova Iorque : Me Graw-Hill.

Tripathi, B.D. (1986). Avanços recentes na investigação sobre poluição na Índia. In: Avanços recentes em biologia ambiental. R.S. Ambast (Ed.) professor, Comemoração de D.N. Rao, Volume. 72-79.

Trivedy, R.K. e Goel, P.K. (1986). Métodos químicos e biológicos para estudos de poluição da água. Env. Publ. Korad.

Trivedy, R.K., Khatavakar, S.D.; Kulkarni, A.K. Krishna em Maharastra: 1, Caraterísticas gerais do rio e inventário da poluição. In: <u>River Pollution in India.</u> R.K. Trivedy (Ed.). Ashish Publ. House, Nova Deli. Pp. 69-67.

Twort, A.C.; Law, F.M.; Crowley, F.W. e Ratnayaka, D.D. (1994). Water supply. 4th Edn. Londres. Edward Amald

Theroux, F.R.; Eldridge, E.F. e Mallmann, W.L. (1943). Laboratory Manual for chemical and Bacterial analysis of water and sewage. Terceira edição, Me. Graw Hil, Nova Iorque.

Tebbutt, T.H.Y. (1983). Relação entre a qualidade da água natural e os documentos técnicos de saúde em hidrologia. Paris: UNESCO.

Tripathi, B.D.; Sikandar, M. and Shukla, S.C. (1991), Physio-chemical characterization of city sewage dischaged into river Ganga at Varanasi. <u>Índia. Environment International. 17</u> : pp 469-478.

Trivedy, PR e Gurdeep, Raj (1992). Water pollution. Akashdeep Publishing House, Nova Deli. Pp. 304.

Thackray, J.E.; Cocker, V.e Archibald, G.G.M. (1978). Os estudos de Malvern e Masfield sobre o consumo doméstico de água. <u>Proc. Instn. Env. Engnrs. 64</u> (1): 37.

Subramani, S. Krishnan e P.K. Kumaresan.2012. Estudo da qualidade da água subterrânea com aplicação de SIG para Coonoor Taluk no distrito de Nilgiri. *Jornal Internacional de Pesquisa em Engenharia Moderna.* 2(3): 586-592.

Tackray, J.E. (1992). Pagar pela água: opções políticas e suas implicações práticas. <u>J. Instn. Wat. Envir. Managt. 6</u> : 505.

U.P. Pollution Control Board, U.P. (1983), Notificação n° 413/ARN/83/ datada de 8th abril, 1983. In: Lal's Commentaries on water and air pollution laws. Law publishers, Allahabad 2nd Ed. 1986.

Serviços de Saúde Pública dos EUA. Normas para a água potável (1962). <u>P.H.S. Pub. 956.</u> Departamento de Saúde, Educação e Bem-Estar dos EUA, Washington. D.C.

Vasisht, H.S. and Sheikher, C. (1983) Ecology of waste waters of the postgraduate institute of Medi Education and Research and Punjab University campus, Chandigarh. <u>Indian J. Ecol. 10</u> (1) : 1-6.

Verma, S.R. e Shukla, C.R.(1967). Limnological studies of Harwaha in relation to fish and fisheries. E.H.9: 317-326.

Vasisht, H.S. e Sheikher, C. (1983), Ecology of waster water of the post graduate of medical education and research and Punjab university campus. Chandigarh (Índia).

Venkateshwarlu, T.C. (1969). Um estudo ecológico das algas do rio Moosi Hydrabad (Índia) com especial referência à poluição por resíduos. I. Complexos físico-químicos. <u>Hydrobiologia. 22</u> (1): 117-143.

Vasisht, H.S. e Sra, G.S. (1976). - A ecologia das águas residuais de Chandigarh. Simpósio, Sobre o Avanço da Ecologia. Pp. 183-186.

Verde, R.S. e Ajwani, S.H. (1964). Poluição industrial do rio Ulhas. E.H. 6 (1) : 13-14.

. Verma Apoorv e Pandey Govind. 2014. Um estudo da qualidade das águas subterrâneas em zonas urbanas e peri

Zonas urbanas da cidade de Gorakhpur, na Índia. *Int. Res. J. Environment Sci.* 3(1): 6-8.

Verma S., Thakur B e Das S. 2012. Analisar a amostra de água da lagoa localizada perto das minas de Nandani no distrito de Durg Chhattisgarh, Índia. *JPBMS.* 22(19).

Vinod Jena, Satish Dixit e Sapana Gupta. 2012. Estudo comparativo de águas subterrâneas por parâmetros físico-químicos e Índice de qualidade da água. *Der Chemica Sinica.* 3(6): 1450-1454.

Vinod Jena, Satish Dixit e Sapana Gupta. 2013. Avaliação do Índice de Qualidade da Água de Amostras de Água de Superfície da Área Industrial. *Jornal Internacional de Pesquisa Química.* 5(1): 278-283.

Wu-yuan Jia, Chuan-rong Li, Kun Qin & Lin Liu. 2010. Teste e análise da qualidade da água potável nas áreas rurais do distrito de alta tecnologia na cidade de Tai "an. *Journal of Agriculture Science.* 2(3).49

Organização Mundial de Saúde (1984). Linhas de orientação para a qualidade da água potável. Vol.I. Recomendações OMS, Genebra, 1-130.

Organização Mundial de Saúde (1993). Diretrizes para a qualidade da água potável-1. Recomendações, 2nd Edn. Genebra: OMS.

White, J.B. (1986). Waste water engineering. 3rd ed. Londres, Edward Arnold.

Waters Services Association (1996). Factos sobre a água. 16. Londres: WSA.

Yadav Janeshwar, Pathak R. K. e Khan Eliyas. 2013. Análise da qualidade da água usando parâmetros físico-químicos, reservatório de Satak no distrito de Khargone, MP, Índia. *Int. Res. J. Environment Sci.* 2(1): 9-11.

Yuvaraj .D, Alaguraja .P .Sekar, M, Muthuveerran.P.Manivel .M. 2010. Análise do problema da água potável em Coimbatore City Corporation, Tamilnadu, Índia, utilizando ferramentas de deteção remota e SIG. *Jornal Internacional de Ciência Ambiental.* 1(1): 71-76.

yes
I want morebooks!

Buy your books fast and straightforward online - at one of world's fastest growing online book stores! Environmentally sound due to Print-on-Demand technologies.

Buy your books online at
www.morebooks.shop

Compre os seus livros mais rápido e diretamente na internet, em uma das livrarias on-line com o maior crescimento no mundo! Produção que protege o meio ambiente através das tecnologias de impressão sob demanda.

Compre os seus livros on-line em
www.morebooks.shop

info@omniscriptum.com
www.omniscriptum.com

Printed by Books on Demand GmbH, Norderstedt / Germany